U0204254

本书是国家自然科学基金面上项目"环境政策选择、地区间竞争与宏观经济波动：理论机制、效应评估和优化设计"（71873001）、安徽省社科重点项目"环境政策评估及环境政策优化选择的计量实证和模拟分析"（AHSKZ2018D13）、安徽省自然科学基金面上项目"我国经济发展中的环境污染效应合理量化研究"（1808085MG226）的阶段性成果

中国环境政策选择、地区间竞争的效应评估与政策优化研究

李小胜◎著

中国财经出版传媒集团

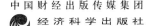

经济科学出版社
Economic Science Press

图书在版编目（CIP）数据

中国环境政策选择、地区间竞争的效应评估与政策优化
研究/李小胜著.—北京：经济科学出版社，2021.8
ISBN 978 - 7 - 5218 - 2735 - 4

Ⅰ.①中…　Ⅱ.①李…　Ⅲ.①环境政策－研究－中国
Ⅳ.①X－012

中国版本图书馆 CIP 数据核字（2021）第 152040 号

责任编辑：周国强
责任校对：王肖楠
责任印制：张佳裕

中国环境政策选择、地区间竞争的效应评估与政策优化研究

李小胜　著

经济科学出版社出版、发行　新华书店经销
社址：北京市海淀区阜成路甲 28 号　邮编：100142
总编部电话：010 - 88191217　发行部电话：010 - 88191522
网址：www. esp. com. cn
电子邮箱：esp@ esp. com. cn
天猫网店：经济科学出版社旗舰店
网址：http: //jjkxcbs. tmall. com
北京季蜂印刷有限公司印装
710 × 1000　16 开　13.5 印张　2 插页　220000 字
2021 年 10 月第 1 版　2021 年 10 月第 1 次印刷
ISBN 978 - 7 - 5218 - 2735 - 4　定价：78.00 元

前　言

　　改革开放以来，我国经济的增长是有目共睹的，根据可比价格计算1979～2020年年均增长速度为9.1%，经济总量从1979年的4067.7亿元增加到2020年的1015986.2亿元，现价国内生产总值是1979年的249倍，人均国内生产总值从1978年的381.23元/人（现价）增加到2020年的7.25万元人民币/人（现价）。反映收入均等化的指标基尼系数呈现不断下降的趋势，根据国家统计公报的数据显示，我国基尼系数虽然一直处在全球平均水平0.44之上，但是下降之势明显，2015年中国基尼系数为0.462，创自2003年来国家统计局公布的数据最低，贫富差距呈现缩小趋势，人民生活水平有了较大的提高。

　　在经济取得较大成就的同时，我国也同时出现了一定程度的环境问题。2013年亚洲开发银行和清华大学发布一份名为《迈向环境可持续的未来中华人民共和国国家环境分析》的中文版报告提出，尽管中国政府一直在积极地运用财政和行政手段治理大气污染，但世界上污染最严重的 10 个城市之中，仍有 7 个位于中国。中国 500 个大型城市中，只有不到 1% 达到世界卫生组织空气质量标准。环境保护部提供的《2016 中国环境状况公报》显示，2016 年，全国 338个地级及以上城市中，有 84 个城市环境空气质量达标，占全部城市数的24.9%；254 个城市环境空气质量超标，占全部城市数的 75.1%。338 个地级及以上城市平均优良天数比例为 78.8%，平均超标天数比例为 21.2%。新环境空气质量标准第一阶段实施监测的 74 个城市平均优良天数比例为74.2%，平均超标天数比例为 25.8%。474 个城市（区、县）开展了降水监测，降水 pH 年均值低于 5.6 的酸雨城市比例为 19.8%，酸雨频率平均为12.7%。全年共出现 46 次区域性暴雨过程，为 1961 年以来第四多，全国有3/4 的县市出现暴雨，暴雨日数为 1961 年以来最多；强降水导致 26 个省（区、市）近百座城市发生内涝；与 2000 年以来均值相比，直接经济损失偏多 150%。

　　中国一直以来就是一个负责任的大国，为了应对持续恶化的环境，从改革开放之初，就颁布了各种环境治理的法律和法规。1973 年，我国召开了第一次全国环境保护会议，在会上审议并通过了我国第一个具有法规形式的环境保护文件《关于保护和改善环境的若干规定》，标志着我国环境政策的开端，此后，环境保护问题被提到国家建设的重要议程上，并且成为国家和研究部门的重大课题。环保立法也取得了重要的进展，《宪法》中第二十六条、第九条、第十条、第二十二条都是关于环境保护的规定；以及《中华人民共和国环境保护法》《水污染防治法》《大气污染防治法》《固体废物污染防治法》《噪声污染防治法》《海洋环境保护法》等；以及其他类的法律，如《环境影响评价法》《清洁生产促进法》《循环经济促进法》等。我国环保机构的级别也一直在提升，2008 年国家环境保护总局升格为环境保护部，成为国务院组成部门，环境问责和政绩考核也越来越严格。

　　那么环境政策的选择效果怎么样？这是本书研究的主要内容。正是基于该主题，本书的研究内容安排为：第一章引言为问题的提出和文献综述；第二章为命令控制型环境政策效应的实证分析；第三章为中国碳排放交易政策的效果评估；第四章为环境政策选择与地方政府竞争实证研究；第五章为环境政策选择对长江经济带高质量发展实证研究；第六章为环境政策选择对绿色工业全要素生产率影响研究。研究内容既包括政策效果的评估，也包括环境政策选择情况下，经济高质量发展的路径选择。

本书是国家自然科学基金面上项目"环境政策选择、地区间竞争与宏观经济波动：理论机制、效应评估和优化设计"（71873001）、安徽省社科重点项目"环境政策评估及环境政策优化选择的计量实证和模拟分析"（AHSKZ2018D13）、安徽省自然科学基金面上项目"我国经济发展中的环境污染效应合理量化研究"（1808085MG226）的阶段性成果。在本书的写作过程中，研究生张思思、甄巧、束云霞、陆玉玲和李春雪参与部分章节的撰写，帮助梳理文献，整理材料等大量工作，在本书的成型过程中发挥了重要的作用，特表示致谢。

目　录

第一章

引　言

第一节　我国经济发展和环境
污染状况

　　改革开放以来，我国经济的增长是有目共睹的，根据可比价格计算 1979～2020 年的年均增长速度为 9.1%，经济总量从 1979 年的 4067.7 亿元增加到 2020 年的 1015986.2 亿元，现价国内生产总值是 1979 年的 249 倍，人均国内生产总值从 1978 年的 381.23 元/人（现价）增加到 2020 年的 7.25 万元/人（现价）。反映收入均等化的指标基尼系数呈现不断下降的趋势，根据国家统计公报的数据显示，我国基尼系数虽然一直处在全球平均水平 0.44 之上，但是下降之势明显，2015 年中国基尼系数为 0.462，创自 2003 年来最低，贫富差距呈现缩小趋势，人民生活水平有了较大的提高。

　　在经济取得较大成就的同时，我国也同时出现了较为严重的环境问题。2013 年亚洲开发银行和清华大学发布一份名为《迈向环境可持续的未来中华人民共和国国家环境分析》的中文版报告提出，尽管中国政府一直在积极地运用财政和行政手段治理大气污染，但世界上污染最严重的 10 个城市之中，仍有 7 个位于中国。中国 500 个大型城市中，只有不到 1% 达到世界卫生组织空气质量标准。环境保护部提供的《2016 中国环境状况公报》显示，2016 年，全国 338 个地级及以上城市中，有 84 个城市环境空气质量达标，占全部城市数的 24.9%；254 个城市环境空气质量超标，占全部城市数的 75.1%。338 个地级及以上城市平均优良天数比例为 78.8%，平均超标天数比例为 21.2%。新环境空气质量标准第一阶段实施监测的 74 个城市平均优良天数比例为 74.2%，平均超标天数比例为 25.8%。474 个城市（区、县）开展了降水监测，降水 pH 年均值低于 5.6 的酸雨城市比例为 19.8%，酸雨频率平均为 12.7%。全年共出现 46 次区域性暴雨过程，为 1961 年以来第四多，全国有 75% 的县市出现暴雨，暴雨日数为 1961 年以来最多；强降水导致 26 个省（区、市）近百座城市发生内涝；与 2000 年以来的均值相比，直接经济损失偏多 150%。

　　中国一直以来就是一个负责任的大国，为了应对持续恶化的环境，从改革开放之初，就颁布了各种环境治理的法律和法规。1973 年，我国召开了第一次全国环境保护会议，在会上审议并通过了我国第一个具有法规形式的环境保护文件《关于保护和改善环境的若干规定》，标志着我国环境政策的开端，此后，环境保护问题被提到国家建设的重要议程上，并且成为国家和研究部门的重大课题。环保立法也取得了重要的进展，《宪法》中第九条、第十条、第二十二条、第二十六条都是关于环境保护的规定；《中华人民共和国环境保护法》《水污染防治法》《大气污染防治法》《固体废物污染防治法》《噪声污染防治法》《海洋环境保护法》等；其他类的法律，如《环境影响评价法》《清洁生产促进法》《循环经济促进法》等。我国环保机构的级别也一直在提升，2008 年国家环境保护总局升格为环境保护部，成为国务院组成部门，并且环境问责和政绩考核也越来越严格。

　　另外，自 2008 年次贷危机和 2009 年欧债危机爆发以来，全球经济的波动加剧，中国经济在 2008 年之后的复苏之路也显得较为漫长，2014 年底，宏观经济运行在"三期叠加"中，经济步入"新常态"，宏观经济的波动进一步提升。经济的不确定性不断地加强（Jurado et al，2013；Baker et al，2012），对宏观经济运行产生持续影响（Creal and Wu，2014）。贝克等（Baker et al，2016）认为中国的经济政策不确定性指数自 2013 年以来不断上升；彭俞超等（2018）认为这与中国近年来推出的一系列供给侧结构性改革政策有关，不确定性上升会抑制企业固定资产投资、研发投资等实体经济活动（Gulen and Ion，2016；谭小芬和张文婧，2017）；陈彦斌（2005）认为经济的不确定性给社会造成的福利损失甚至大于因降低经济增长速度而产生的福利损失。目前很多研究认为外生性冲击是造成中国宏观经济波动的重要特征，包括投资冲击、财政冲击、货币政策冲击、国际贸易冲击、政府支出冲击等。较少有文献将环境因素纳入经济波动的研究范围，但是随着 2014 年新修订的环保法实行、政府绿色观念的转变、强势的环境政策以及执法势必会对中国宏观经济造成一定的冲击（蔡鹏，2015）。海特尔（Heutel，2012）认为环境经济政策的制定不能忽视经济周期的变化，气候政策的制定要考虑到经济的发展；林图宁和库塞拉（Lintunen and Kuusela，2018）认为环境政策对经济周期的影响是环境规制经济学一个热门话题，所以本章试图从环境政策选择、地方政府竞争的角度研究其对宏观经济波动的影响，并进行政策选择和设计。

在宏观经济的不确定性下针对日益恶化的环境状况，中国政府设计和实施了多种类型的环境政策工具来解决环境问题，试图实现可持续发展和构建"资源节约型和环境友好型"社会的战略目标。但问题是，中国政府设计和实施的各类环境政策在环境治理中的效果到底如何？在中国式经济分权和政绩考核的激励作用下，作为"经济人"的地方政府，是否刺激了地方政府通过放松环境管制来发展经济？如何规范地方政府竞争秩序、完善环境政策体系？地方政府在环境政策的执行过程中是否存在着竞争，这种竞争的理论机制是什么？当前，中国经济增长已进入新的阶段，未来经济走势充满变数，在复杂经济形势下，以稳增长为主要目标的宏观经济政策如何应对环境政策等冲击？面对各类环境政策工具的实施情况以及当前中国宏观经济状况，中国政府应该如何从环境政策工具中优化选择出有效的环境政策工具，在达到熨平经济的同时，也达到治理环境？

贺克斌院士（2017）认为："当基本上是学环境科学与工程专业的人在研究环境问题时，就会把关注点更多地放在技术性治理的层面。如果经济学家开始动脑筋了，我们的环境治理就有可能动到根子上。"马骏和李治国（2014）认为环境专家，在谈到治理雾霾时，想到的一般是脱硫脱硝、提高油品质量等末端治理手段，末端治理可以将单位经济活动量的排放强度降低70%以上，如果经济总量每年增长7%左右，10年就翻一番，要将雾霾降低到我们预期的目标，必须大力度地调整产业结构、能源结构和交通运输结构，而这些调整必须要靠经济和金融政策。所以本章从经济学上研究环境政策选择、地区间竞争与经济波动对于改善环境、保持经济平稳发展非常重要，具有重要的理论和实际意义。

1. 理论意义

第一，以往的研究主要采用计量回归方法对环境政策的效果进行研究，其实多数识别的是一种相关关系，随着新的政策效果评价模型的逐渐推广，利用类似自然实验的数据对环境政策效果进行评价，本身就是一种新的研究视角。第二，针对实证分析，只能分析政策是否产生效果，本书采用动态随机一般均衡（dynamic stochastic general equilibrium，DSGE）类模型建模、校准、模拟的角度对环境政策进行选择，包括网络结构的动态随机一般均衡模型（Acemoglu et al，2012）和多层级政府结构动态随机一般均衡模型，其方法上本身也是创新。第三，丰富和完善环境政策工具理论方法体系。对中国的环境政策工具进行选择和优化的研究亦是对政策工具理论和政府改革理论的补充和发展。第四，结合现代宏观理论和中国国情，从问题前瞻性、模型设定合理性、政策设计和政策协调等方面对中国环境政策进行系统全面的优化，有助于完善宏观调控，从而推动中国经济"由高速增长阶段转向高质量发展阶段"。

2. 实际意义

第一，中国作为世界上经济发展最为强劲的经济体，同时也是世界上多种污染排放最大的国家之一。目前欧美在环境问题上对中国越来越关注，也逐渐推出针对中国的措施，面临巨大的国际减排压力，中国减排任务不仅挑战巨大，而且十分紧迫，所以中国政府必须采取更为积极有效的环境政策来治理环境，以回应国际社会对中国环境问题的关注。第二，目前我国污染控制方面存在一定程度的政策缺乏和设计不合理，有必要对污染控制政策工具进行深入研究，探明环境政策工具对减排的影响机理，在此基础上对环境政策工具进行优化设计，从而为我国环境政策的制定与实施提供参考依据。第三，选择合适的环境政策工具对管理环境与自然资源、实现人与自然的和谐、经济与环境的协调有着重要的意义，有助于落实国家建设生态文明的战略部署。第四，在考虑经济波动的情况下，选择能够控制污染排放又能熨平经济波动的环境政策搭配，对于当前中国经济企稳回升具有重要的现实意义。

第二节 环境政策选择对污染控制效果的文献综述

一、环境政策工具分类及其效果之争

杨福霞（2012）认为早期的环境政策以行政控制手段为主，所以环境政策在早期又称环境管制。本章中研究的环境政策不限于行政命令，还包括其他经济政策和自愿性工具，所以研究的主题之一是环境政策。不少学者对环境政策的内涵作出过界定，例如：夏光（2001）认为环境政策是国家为保护环境所采取的一系列控制、管理、调解措施的总和；蔡守秋（1997）将中国的环境政策的文字表述形式进行归纳，认为中国参加或签订的国际公约、协定、议定书、宣言、声明、备忘录，以及党和国家报刊发表的各种社论、文章、批示等6种表述都是环境政策的应有之义；宋国君等（2003）认为从内容看环境政策最终目的是保护环境的，包括国家颁布的法律、条例，中央政府各部门发布的办法、解释、通知等和省级人民政府颁布的条例、办法等的总称；原毅军（2005）将环境经济手段分为价格规则、责任规则、数量规

则；李康（2000）认为环境政策是可持续发展战略和环境保护战略的延伸和具体化，是诱导、约束、协调环境政策调控对象的观念和行为的准则，是实现可持续发展战略目标的定向管理手段；贾菲等（Jaffe et al，1997）、宫本宪一（2004）认为环境政策是指通过防止公害和环境保护，为保卫人类的生命和健康，确保舒适性而制定的综合性公共政策。本章采用宋国君等（2003）环境政策的概念，该含义包括的范围较广。

（一）环境政策工具的类型

环境政策工具作为环境政策的有机组成部分，是实现环境政策目标和结果的桥梁，也是政府有效治理环境的途径和手段，更是关系着环境政策成败的关键。如何选择合适的环境政策工具来管理环境和自然资源，对政府能否达成环境政策目标发挥着决定性作用。对于环境政策工具，不同的学者给出了不同的分类。肯普（Kemp，1997）和贾菲等（Jaffe et al，2002）将环境政策工具划分为命令型、市场型和沟通型三大类。哈密尔顿（1998）将环境政策工具分为利用市场型、建立市场型、利用环境法规型和动员公众型四大类。马中（2010）将环境政策分为命令控制型、市场型和自愿型三大类。许士春（2012）采用了肯普（Kemp，1997）的分类。付加锋（2012）将政策工具归为强制性的控制手段、财税引导与激励政策、基于市场的灵活机制、信息支持及自愿协议等鼓励公众参与的方式手段。杨洪刚（2012）将环境政策工具分为命令控制型、经济激励型和公众参与型环境政策三大类。本章认为马中（2010）的分类比较合理，适合中国的实际情况，将采用这种概念。

（二）环境政策工具的优劣研究

魏茨曼（Weitzman，1974）较早对控制污染排放的市场性工具进行探讨，认为在治理成本不确定情况下，价格型规则优于数量型规则。格罗德卡和库尔巴耶娃（Grodecka and Kuralbayeva，2015）从不确定性和经济波动的角度探讨了市场型工具中的数量型规则和价格型规制的有效性问题，认为价格型工具优于数量型工具。古尔德等（Goulder et al，2014）认为排放价格工具（排放交易机制和排放税收）比较有效的观点受到了挑战，其实排放强度标准比这两种工具的效果好。施特纳（Sterner，2003）认为如果企业对价格信号不敏感，命令控制型政策可以取得较好的效果，但通常命令控制型政策的信息要求很高，如果监管者无法掌握每个企业的翔实和可靠的成本信息，此时，该政策就无法满足成本有效性。鲍莫尔和奥茨（Baumol and Oates，1971，1988）对命令控制型规制工具和市场激励型规制工具进行了比较，认为排污收费、可交易排污许可证市场激励型工具具有明显的减污效率，而命令控制型规制工具对环境标准的要求相对较高，为达到环境标准，需要付出更高的污染控制成本。菲舍尔和斯普林伯恩（Fischer and Springborn，2011）通过动态随机一般均衡的研究，认为碳税是国内国际环境控制的有效手段，但是现实中很少有政府将碳税看成是减少排放的主要政策工具，即使是欧盟国家也没有严格的考虑采用碳税控制温室气体的排放，主要采用的是排放限额和排放上限的规定。其他国家包括加拿大、中国、印度都是承诺强度目标，这也是很多发展中国家的承诺，这种目标考虑了经济增长。霍兰（Holland，2012）比较了碳排放税收（或者碳排放交易机制）和碳排放强调标准，认为在规制执行不是非常严格的情况下，碳排放税收没有碳排放强调标准好。古尔德和沙因（Goulder and Schein，2013）提供了最近关于碳税和碳排放交易之间优劣的文献综述。迪苏和卡尼佐娃（Dissou and Karnizova，2016）认为温室气体的排放被国际社会公认为破坏环境的重要因素，但是对于怎么样达到减少温室气体排放的最优政策工具还是没有取得一致的意见，并比较了碳排放交易制度和碳税制度的优缺点。针对上述命令控制型工具和市场型工具的不足，也有人提出自愿性工具，海姆斯坎等（Hemmelskamp et al，2000）为了克服污染物减排方面的信息不对称和复杂的委托代理问题，政策制定者还设计了自愿协议式的政策工具，作为一种非强制性手段，此类政策工具有效地弥补了行政手段或市场调节机制的不足，激励生产者和消费者主动减少"逆向选择"和"道德风险"，进而提高了企业环境保护自主性和灵活性。国内对环境政策工具选择的比较研究较少，李长胜（2012）只是对国外各个工具的优劣进行综述；周纯和吴仁海（2003）仅对命令控制型工具和经济手段的特点以及适用范围进行分析，但结论模糊，并未明确较优的方案；魏巍贤（2009）基于数值模拟结果，认为征收化石能源从价资源税是控制减排的一个有效途径；许士春等（2013）比较了四种环境政策工具的减排效果，认为污染税、可转让排污许可、污染排放标准和减排补贴率的有效性都取决于一定的条件。梅特卡夫（Metcalf, 2009）认为各种总量控制策略和碳税政策在实践中有着大量的应用，但是何种政策有效还是没有取得一致的意见。

从上面的分析可以看出，国内外对环境政策选择并没有取得一致的结论，这也催生了本章继续这一领域的探讨。

二、环境政策效应评估的经典问题和方法

这部分研究的文献非常多，范围也非常广，主要包括下面三个经典问题：环境政策对全要素生产率和技术进步、国际贸易和外商直接投资、产业结构和就业等影响研究。这部分的内容主要研究的是相关关系，不是因果关系。效应评估的方法主要是计量经济学中回归类分析和数据包络方法，包括面板门槛回归模型、空间面板数据模型、联立方程和面板平滑模型等。

（一）环境规制对全要素生产率和技术创新的影响

这部分主要是围绕"波特假说"（Porter hypothesis）进行实证研究。格雷（Gray, 1987）研究发现，美国在 20 世纪 70 年代实行的环境管制政策，使其制造业生产率的年均增速下降了 0.17~0.28 个百分点，大概占同期美国制造业生产率下降幅度的 12%~19%。因此，政府的环境管制政策将付出降低生产率和经济增长的代价。许多早期的经验研究也支持了上述观点（Jorgenson and Wilcoxen, 1990；Gollop and Roberts, 1983；Barbera and McConnell, 1990；Gray and Shadbegian, 1995）。但是波特和范德林德（Porter and van der Linde, 1995）通过美国案例研究发现，严格且适宜的环境规制能够激励企业创新，提高生产率，该观点后来被称为"波特假说"，围绕着该假说出现了大量的研究。贾菲和帕尔默（Jaffe and Palmer, 1997）发现环境管制会增加行业研发投入和专利发明。海姆斯坎（Hemmelskamp, 1997）研究认为环境管制对企业创新活动的影响要受到公司规模、市场结构、需求等因素的影响。阿尔布里齐奥等（Albrizio et al, 2017）使用跨国的行业和企业级数

据，通过构造国家层面的环境规制指标，研究了各国环境规制的严格程度对于不同生产率企业（和行业）的生产率的增长率的影响，发现更严格的环境规制提高了生产率排名前约 1/5 的企业的生产率的增长率，降低了生产率较低的企业的生产率的增长率（龙小宁等，2017）。

王兵等（2008）运用 Malmquist-Luenberger 指数方法测度了亚太经济合作组织 17 个成员 1980~2004 年包含二氧化碳排放的全要素生产率增长，研究发现考虑环境管制后，亚太经济合作组织的全要素生产率增长水平提高，技术进步是其增长的源泉。王群伟等（2009）将环境因素纳入具体的投入产出分析框架，认为严格环境规制下的成本明显高于一般环境规制下的成本。张红凤等（2009）认为环境政策是实现社会福利最大化的必要条件，严格而系统的环境规制政策，能改变环境库兹涅茨曲线（EKC）形状和拐点位置。陈诗一（2010）考虑环境规制的情况下，发现节能减排在前期对技术进步有负面影响，但由于前期较高的技术效率以及后期技术进步的主导作用，中国工业全要素生产率在未来 40 年将会保持逐年平稳小幅增长的态势，该研究支持了环境治理可导致环境和经济双赢发展的环境波特假说。黄德春和刘志彪（2006）在 Robert 模型中引入技术系数，表明环境规制在给一些企业带来直接费用的同时，也会激发一些创新。张成等（2011）利用 1998~2007 年中国各省份的面板数据检验了中国东、中、西部环境规制与技术进步率之间的关系，研究发现：东、中部地区存在"U"型之间的关系，随着环境规制强度的加大，开始时会产生"遵循成本"，削弱技术进步率，而后产生的"补偿效应"会超过这一损失；在西部地区受规制形式的影响并没有产生这一特征。赵红（2007）发现中国环境规制对企业技术创新产生正向作用，并提高产业绩效，但不足以弥补环境规制对企业生产成本造成的负担，因此中国环境规制对企业竞争力的综合效应为负。赵细康（2006）针对中国环境规制强度与产业国际竞争力关系的实证研究，并未发现环境规制导致产业国际竞争力下降的证据。博京燕（2010）的研究发现环境规制对中国各行业比较优势的影响呈现先负后正的"U"型。王兵和刘光天（2015）通过分析认为环境管制能够在提高生产率的情况下使环境污染得到改善。

（二）环境规制对产业结构和就业的影响

古德斯坦（Goodstein，1996）认为美国颁布的《预测清洁空气法案》的修正案造成了失业率的增加，贝兹德克等（Bezdek et al，2008）实证检验表明，严格的环境规制并没有减弱美国工业的国际竞争力，且改善了产业结构，没有牺牲成千上万的就业岗位，反而发现严格的环境规制会加速经济增长。摩根斯坦等（Morgenstern et al，1999）也得出了环境规制能够增加就业的结论。近些年结合中国自身环境规制的特点进行产业结构升级的研究开始增多（夏艳清，2008；徐常萍，2012；梅国平，2013；肖兴志，2013；徐开军，2014），尽管采用的规制代理变量和结构代理变量有很大差别，但整体上认为环境规制政策对产业结构的升级作用非常明显。范玉波（2016）认为环境规制与产业结构转型有着显著的关系。闫文娟等（2012）、闫文娟和熊艳（2016）发现环境规制与产业结构升级、就业存在着非线性效应。原毅军和谢荣辉（2014）认为正式环境规制能有效驱动产业结构调整，因此可将环境规制作为产业结构调整的新动力；当以工业污染排放强度作为门槛变量时，随着正式环境规制强度的由弱变强，它会对产业结构调整产生先抑制、后促进、再抑制的影响，两者关系中存在着显著的门槛特征和空间异质性。

（三）环境规制对国际贸易和外商直接投资的影响

这部分文献主要围绕是否存在"污染天堂"或者叫"污染避难所"假说（pollution haven hypothesis，PHH）进行检验。沃尔特和乌格罗（Walter and Ugelow，1979）首先提出"污染避难所"假说，该假说认为，环境规制严格度低于其贸易伙伴的国家具有生产污染产品的比较优势，环境规制能改变现存的贸易模式（Baumol and Oates，1988；Chichinisky，1994；Copeland and Taylor，2004）。部分学者的研究结果支持"污染避难所"假说（Lucas and Hettigey，1992；Mani and Wheeler，1998），另外一些学者的实证结果并不支持该假说，还有一部分学者认为环境规制与污染密集型产业转移之间不存在必然联系（Ederington et al，2005；Mulatu et al，2010）。何（He，2006）针对中国数据的研究发现内向外商直接投资与中国工业二氧化碳排放之间有显著正向关系，外商直接投资受东道国环境规制强度的影响。傅京燕和李丽莎（2010）的研究表明我国污染密集型行业并不具有绝对比较优势，因而我国并不是发达国家的"污染避难所"。

从计量回归的角度进行环境规制效果分析。首先，是环境规制指标的构建存在问题，很多都是绝对量指标，不是相对指标，这样的指标反映环境规制的松紧度并不合适；其次，由于环境规制政策的内生性，例如，应用环境执法事件等表述环境政策的松紧程度，导致估计的结果并不稳健。可见环境政策效应评估在这部分的研究中也并没有取得一致的结论，应用不同地区数据、不同的指标和不同的实证方法得到的结论也是不相同的。

三、环境政策效应评估的新趋势

随着环境问题的重要性增加，很多研究不是针对环境政策与其他指标之间关系进行研究，而是关心环境政策的污染控制效果怎么样。采用经典的计量经济学方法，经常会发生环境政策选择的内生性问题，并且通常识别的是环境政策与相关变量的相关关系，而不是因果关系。为了避免该方法的缺陷，很多学者使用类似自然实验的数据，采用政策评估计量经济学的方法进行环境政策效应的评价（赵西亮，2017）。目前国内外应用该方法进行政策效应评估的文献越来越多，在环境政策效应的评估中也得到了较为广泛的应用，下面主要从两个方面进行梳理。

（1）采用自然实验数据，应用政策评估计量经济学对经典问题进行检验。该部分多数文献还是对"波特假说"进行检验，国外采用自然实验数据进行这类研究的文献较少。国内研究方面，李树和陈刚（2013）利用2000年中国对《大气污染防治法》的修订这样一次自然实验，采用双重差分法评估了《大气污染防治法》的修订对中国工业行业全要素生产率增长的影响，研究发现实施严格且适宜的环境管制可能会使中国经济获得提高环境质量，污染排放降低和生产率增长的"双赢"结果。涂正革和谌仁俊（2015）应用双重差分法检验排污权交易机制在试点期间能否实现波特效应，发现环境质量出现较大幅度提高。李永友和沈坤荣（2008）比较了环境政策实施前后污染排放的变化，发现环境质量有着明显的提高。席鹏辉和梁若冰（2015）基于多断点回归研究了空气污染对地方环保投入的影响。韩超和胡浩然（2016）通过应用政策评估计量经济学研究了清洁生产标准规制如何动态影响全要素生产率，发现清洁生产标准规制对全要素生产的影响呈现"J"型曲线效应，发达地区全要素生产率提升的时间迟于不发达地区，这主要是受全要素生产率提升瓶颈的影响。祁毓等（2016）采用环保重点城市"达标"与"非达标"准实验的数据，发现环境规制能实现"降污"和"增效"的双赢。韩超和桑瑞聪（2018）通过研究"两控区"环境政策，发现显著提升了出口企业的产品转换率；环境规制对产品组合行为的影响与企业内在经营能力有关，并认为在未来环境规制政策制定与实施中，有效利用环境规制对产品转换行为的诱导作用，是实现环境友好和产品质量提升"双赢"局面的重要工具。

（2）采用自然实验数据对环境污染是否真正得到控制进行检验，这个方面是目前研究的新趋势也是热点问题。阿蒙德等（Almond et al，2009）采用双重差分法对中国淮河流域冬季取暖的环境影响进行了评估。陈等（Chen et al，2013）采用双重差分法，对奥运会之前、期间和之后北京空气质量的变化进行研究。卡图里亚（Kathuria，2012）采用政策评估计量经济学研究了新德里禁止使用含铅汽油和旧的商业用车对空气污染的影响，研究发现新德里空气质量并没有随着交通管制而改善。戴维斯（Davis，2008）采用政策评估计量经济学评估了墨西哥城交通管制的效应，结论是该项政策并没有改善空气质量。包群等（2013）通过构造自然实验，采用倾向匹配得分法结合的双重差分法检验了环境管制是否起到抑制污染排放作用，该研究采用1990年以来中国各省份地方人大通过的84件环保立法这一数据，研究发现，单纯的环保立法并不能显著地抑制当地污染排放；相反，只有在环保执法力度严格或是当地污染相对严重的省份，通过环保立法才能起到明显的环境改善效果，这一结果在考虑了不同污染物形式、立法效果的滞后作用以及选择不同参照组后仍然稳健。戴嵘和曹建华（2015）采用双重差分法检验了中国首次"低碳试点"政策的减碳效果，通过研究发现试点城市的人均碳排放水平显著的下降。石庆玲等（2017）采用断点回归方法评估了约谈地方政府主要负责人这一政策对空气污染的治理效果，发现约谈后空气质量好转。陆贤伟

（2017）采用合成控制方法对我国 2010 年实施的低碳试点政策进行研究，发现整体而言，低碳试点区域与非低碳试点区域的碳排放量，在低碳试点政策实施后并未存在显著差异；针对每一个低碳试点区域进行合成控制评价后发现，在全部的低碳试点区域中，仅有重庆和陕西的碳排放量在低碳试点政策实施后显著降低。张俊（2016）采用"合成控制法"，评估了 2008 年北京举办奥运会对空气质量的影响，研究发现，2008 年之后北京空气质量仅在短暂时间内得到了改善，2008 ~ 2010 年平均每年空气污染天数减少了 25 天，但在 2010 年之后，环境政策对北京空气改善作用逐渐消失。北京在 2014 年 11 月 5 日至 11 日举行亚太经济合作组织会议，为保证空气质量和缓解交通拥堵状况，实行了单双号限行政策，并在 4 个省份推广实施。孙丰凯（2014）应用事件法进行研究，发现限行对于控制污染具有短期效应，长期没有改善作用。

从上面的分析可以看出，很多研究开始采用自然实验数据对经典的问题进行检验，出现了一些检验环境政策实施是否导致污染排放降低的文献，但是这部分研究的并不多，所以有进一步研究的必要性。

四、环境政策选择与地方政府间竞争的理论机制分析

杨瑞龙等（2008）认为环境污染是公共物品供应不足与公共治理缺乏效率的表现，与中国现有的分权体制所形成激励机制有密切的关系，中国式财政分权直接改变了地方政府的激励机制和约束机制，环境污染及其治理就是这种分权改革扭曲激励的结果。蔡昉等（2008）指出，中国的环境污染问题是由粗放式发展模式导致的，而这种模式又根源于中国式财政分权下的政府行为。在中央政府的激励与约束下，地方政府在发展当地经济、环境保护和节能减排等方面起着越来越重要的作用，特别是市场化改革带来经济领域分权后，财政分权使得地方政府在财政支出上具有较大的裁量权。

斯图尔特（Stewart，1977）主张环境治理责任应由中央政府承担。萨维恩和普罗斯特（Saveyn and Proost，2006）则主张环境治理责任应该由地方政府承担。奥佳华和怀尔德森（Ogawa and Wildasin，2009）通过理论模型分析，认为尽管在区域差异显著的地区间存在明显的外溢效应，环境分权治理

仍然可以产生有效的资源配置。席尔瓦等（Silva et al，1997）应用博弈论研究联邦政府和地方政府间污染物的减排机制。卡普兰等（Caplan et al，1999）利用博弈论有关理论研究了联邦政府和地方政府间酸雨减排机制。莫莱迪纳等（Moledina et al，2003）构建了一个信息不对称条件下的动态模型用以分析企业策略性行为对环境规制的影响。坎伯兰（Cumberland，1981）从博弈的角度研究了地方政府间围绕税收的竞争行为与区域环境质量之间的关系，认为州政府或者联邦政府为吸引资金、人才的流入、扩大税源、增加税收收入，会降低环境政策的执行力度，从而增加区域环境污染、降低环境质量，进而引发环境政策上的"逐底竞争"（race to the bottom），最终导致了各个区域之间的环境政策在执行过程中存在较大的差异。惠勒（Wheeler，2001）与科尼斯基（Konisky，2007）对国际环境规制"逐底竞争"的逻辑进行了详细阐述。

杨海生等（2008）从环境政策的角度对地方政府的竞争和博弈进行了检验，显示地方政府环境政策之间存在相互攀比式的竞争，往往忽略环境问题来固化资源和争夺流动性要素，最终导致环境恶化。郑周胜（2012）通过建立中央与地方的委托代理模型和地方政府与企业的博弈模型，从理论上分析了我国财政分权与环境污染的关系。李胜兰（2014）研究显示，地方在环境政策的制定与实施当中，存在明显的模仿行为。朱平芳等（2011）基于财政分权的视角考虑了地方政府在吸引外资时基于环境政策的竞争，实证检验了全国地级城市之间的吸引外资环境博弈是显著存在的。臧传琴等（2010）基于博弈论视角，探讨了信息不对称条件下政府环境规制政策设计。李正升（2014）建立一个中央与地方及地方政府间的博弈竞争模型，考察转型期我国地方政府的环境治理行为。

环境政策选择与地区经济竞争的理论机制文章较多，但是对环境政策选择与地区经济竞争导致宏观经济波动的理论机制没有进行深入的探讨，这为本章的后续研究提供前提和基础。

五、环境政策与地区间竞争的实证研究

经济发展过程中不可避免的产生环境污染，地方政府在经济发展中扮演

着重要的角色，通过发挥财政政策的功能来达到地区经济增长的目标，而忽视了环境污染治理。张华（2016）认为中国的环境规制"非完全执行"现象普遍存在，并从策略互动角度对其普遍性给出了新的解释。为了检验环境政策与地区间竞争的状况，这个部分的模型较多的在空间计量经济学、面板数据模型和面板门槛模型进行识别。

弗雷德里克松和斯文松（Fredriksson and Svensson，2003）利用跨国数据，对地方政府分权与政府的环境政策效应进行了评估，研究认为在分权的制度框架下，政府的环境政策受到资本拥有者的集团游说，削弱政府环境政策管制效应，分权成为环境污染的"魔盒"（Padonra's box）。布伦纳迈尔和莱温松（Brunnermeier and Levinson，2004）对经济分权和环境污染的实证研究文献进行了详细的梳理。李斯特等（List et al，2003）基于美国数据发现存在跨界的污染问题。西格曼（Sigman，2005）显示环境分权导致美国的下游河流污染程度上升4%。利普斯科姆和莫巴拉克（Lipscomb and Mobarak，2007）发现巴西出现环境污染的跨界现象。洛沃（Lovo，2014）采用自然实验数据，检验发现印度同样存在环境分权导致环境污染跨界现象。伯纳乌和库比（Bernaue and Koubi，2006）实证检验了政府财政支出规模对二氧化硫排放量的影响，研究结果表明财政支出规模与二氧化硫排放量存在正相关关系。西格曼（Sigman，2009）探讨了政府分权和河流水污染的关系，研究结果表明政府分权和水污染呈现正相关关系。洛佩兹等（Lopez et al，2011）在研究政府财政支出结构时指出，社会福利等公共物品支出所占的比重增加会减少污染物排放，但是在不改变支出结构的条件下，支出规模的增加并不能降低污染物的排放量。加西亚和玛丽亚（Garcia and Maria，2007）利用1996~2001年西班牙各地区水资源治理跟踪调查报告，设计出中央政府与地方政府的最优分权度，并指出在偏好具有强异质性前提下，分权治理是一种更优的选择。

沈和杨（Shen and Yang，2017）采用倾向匹配得分法和双重差分发现我国环境管理中存在着跨界水污染问题，该问题是由财政分权导致的。杜维耶和熊（Duvivier and Xiong，2013）以河北省为例，研究了污染企业的选址，发现污染企业更愿选择本省与其他省份的相邻的边界县市，地方在环境政策的制定与执行方面更是一个策略性竞争过程，中国的环境分权导致环境污染出现跨界现象。李静等（2015）利用2004～2013年九大水系所得监测断面数据，研究显示边界监测点污染比非边界监测点污染物水平中的指标高很多，存在严重的跨境污染边界效应。卢洪友等（2012）研究认为因增长而竞争的中国式财政分权制度会激励地方政府为吸引投资和增加税收而降低环境管理标准，成为某些污染产业的支持者，导致环境质量下降。郑周胜和黄慧婷（2010）、张克中等（2011）利用我国省级面板数据分析财政分权与环境污染的关系，认为财政分权程度的提高不利于削减污染排放量。杨瑞龙等（2007）利用中国1996～2004年的省级数据，在动态系统GMM模型的基础上研究表明，提高地方政府的财政分权度会增加环境污染程度，这是由于在分权体制改革的过程中，中央政府主要把GDP作为官员考核的指标，因此容易导致地方政府官员只关注经济增长而放松对环境污染的监管，从而降低环境质量。闫文娟和钟茂初（2012）认为我国财政分权体制下的事权分权，导致了地方政府更多地关注区域性公共物品（如固体废弃物），而忽略了对全局性公共物品（如二氧化硫和废水）的监管，从而增加了这些污染物的排放强度。史丹和吴仲斌（2015）认为中央政府往往通过中央财政转移支付体系来达到支持生态文明建设。崔亚飞和刘小川（2010）分析了中国省级税收竞争对环境污染的影响，研究结果表明地方政府在治理环境污染问题时常采取"骑跷跷板"的策略，并且存在"趋劣竞争"现象。王金南等（2016）对国内首个跨省界水环境生态补偿模式"新安江案例"进行考察。

关于环境政策选择与地区间竞争的文献在财政分权和政治集权的框架下已经发表了很多，但是多数采用的是省级层面数据，而采用地市级的数据偏少，并且运用的还是经典方法，所以本章将采用自然实验数据（地级市层面数据和上市公司数据进行实证），应用政策评估计量经济学方法进行研究，还是有进一步的研究空间。

六、环境政策选择与宏观经济波动的模拟分析

基于回归类模型和DID方法、断点回归、合成控制法来研究环境政策的

效果，只能检验是否产生效果和效果大小，不能给出环境政策选择的模拟分析和福利分析以及对宏观波动的影响。虽然有很多文献从可计算一般均衡（computable general equilibrium，CGE）模型的角度进行环境政策模拟和选择，但是该类方法对随机性因素不能很好的刻画，CGE 的优势在于可以分析经济结构的细节，部门之间的联系等"横向"的关系（张友国和郑玉歆，2005）。动态随机一般均衡（DSGE）模型的优势在于其动态性和不确定性，由于CGE 是基于投入产出法的，基础是社会核算矩阵 SAM，还需要核算矩阵数据，DSGE 不需要数据就可以模拟和校准，有着较好的微观基础，在有数据的情况下可以采用估计的方法得到非结构类参数，所以本章的政策选择主要采用 DSGE，而且这个方面的文献并不是很多，当然这种方法目前也招致极大的争议，但是作为学术研究并不妨碍其探讨。

（一）基于 CGE 模型的环境政策选择对宏观经济波动影响的模拟分析

国外研究方面，布可夫斯基（Bukowski，2014）认为经济合作与发展组织（OECD，1994）的 GREEN 模型、杨等（Yang et al，1998）提出的 EPPA 模型、曼尼和里歇尔斯（Manne and Richels，1999）提出的 MERGE 模型、博伦等（Bollen et al，1999）提出的 WorldScan 模型、詹森和塞尔（Jensen and Thelle，2001）提出的 EDGE 模型、肯弗特（Kemfert，2001）提出的 WIAGEM 模型、勃林格（Boehringer，2002）提出的 PACE 模型、克莱珀等（Klepper et al，2003）提出的 DART 模型都是基于 CGE 的模拟来分析能源和环境中的政策效果以及与宏观经济之间的关系，并对 CGE 模型的优点进行了总结。认为 CGE 模型能够近似实际数据之间的关系，体现了各个部门之间的联系，从家庭和厂商的利润和效用最大化出发，来模拟现实世界情况，很好地体现了部门之间的联系。

国内学者也对环境政策选择与宏观经济的波动进行了大量的研究，王灿等（2005）基于 CGE 模型对二氧化碳减排下中国经济的影响进行估计。曹静（2009）、王金南等（2009）、苏明（2009）等利用 CGE 模型，分析了我国实施不同碳税税率可能的减排量以及对经济造成的影响。高颖和李善同（2009）通过建立我国多区域 CGE 模型，比较了不同的能源消费税征收和返还方式所产生的社会经济与能源环境影响。潘家华和陈迎（2009）采用 CGE 模型在一个公平、可持续的国际气候制度框架下研究了碳预算方案。刘亦文和胡宗义（2015）基于 CGE 模型分析了农业温室气体减排对中国农村经济影响。范英等（2010）基于多目标规划对二氧化碳减排的宏观经济成本进行估计。胡宗义等（2011）基于动态可计算一般均衡模型——MCHUGE 研究了不同税收返还机制下碳税减排效果以及宏观经济影响。胡乃武和周帅（2010）比较了不同温室气体减排机制的安排对发展中国家福利水平的影响。彭水军和余丽丽（2017）基于贸易自由化背景模拟了几种减排方案对宏观经济及碳排放的影响，认为在贸易自由化背景下，参与"全球合作性减排"对中国的低碳经济转型更为有利。

（二）综合评价模型

综合评价模型，或者叫集成评价模型（integrated assessment models, IAMs）。诺德豪斯（Nordhaus，1993，2008）首先提出综合评估模型来研究环境政策实施的效果及宏观波动的关系，该模型是新古典 Ramsey 模型的拓展和延伸，其包含了气候和排放改变方程。随后该类模型也越来越多，包括单个区域的 DICE 模型、多区域版本的 RICE 模型、霍普等（Hope et al, 1993）提出的 PAGE 模型、托尔（Tol, 1997）提出的 FUND 模型、博塞洛等（Bosello et al, 2010）提出的 WITCH 模型、阿西莫格鲁等（Acemoglu et al, 2012）、哈斯勒和克鲁塞尔（Hassler and Krusell, 2012）以及戈洛索夫等（Golosov et al, 2014）都在综合评价模型下研究了怎么设置环境税收问题，在恩斯特姆和加尔斯（Engström and Gars, 2015）中有详细的综述。该类模型主要从新古典经济学的思想出发进行设计和模拟分析，以达到政策优化目的。吴静等（2014）对诺德豪斯（Nordhaus）模型中的单区域和多区域 DICE/RICE 模型中碳循环模块进行了比较。赵卫兵（2015）对基于 DICE 模式的知识生态体系进行构建。魏一鸣等（2013）对气候变化综合评估模型最新研究进展进行述评。林伯强和牟敦国（2008）采用 CGE 估算了能源价格对宏观经济的影响。

（三）基于 DSGE 模型进行研究

忽视环境政策和宏观经济变量之间的联系，会导致经济中一些重要的反馈因素被忽视，特别是当经济波动比较大的情况下，合适的环境政策对于熨平经济的波动起着重要的作用（Fischer and Heutel，2013；Angelopoulos et al，2010；Annicchiarico and Di Dio，2015）。菲舍尔和海特尔（Fischer and Heutel，2014）、菲舍尔和斯普林伯恩（Fischer and Springborn，2011）认为环境政策选择与经济增长之间存在着显著的关系，何种环境政策决定了经济指标或者经济波动比较显著，一直存在着争议。哲罗普洛斯等（Angelopoulos et al，2010，2013）、菲舍尔和斯普林伯恩（Fischer and Springborn，2011）、海特尔（Heutel，2012）分别通过个体效用函数中设置环境质量偏好、污染对企业生产过程的负外部性、环境污染的积累过程三个函数，将环境污染变量嵌入早期的 RBC 模型中，继而基于 DSGE 框架分析环境政策的经济增长与福利动态效应。哲罗普洛斯等（Angelopoulos et al，2010）比较了各种环境政策的表现，他们将污染排放看成是生产过程中的副产品，政府努力寻找最优的政策去治理污染。菲舍尔和斯普林伯恩（Fischer and Springborn，2011）将政府作为政策行为主体，基于减排政策三种作用机制提出碳税，基于总量控制的交易许可，以及强度目标管制三种政策模型，给出环境政策比较研究。林图宁和维尔米（Lintunen and Vilmi，2013）、格罗德卡和库尔巴耶娃（Grodecka and Kuralbayeva，2015）、卡恩等（Khan et al，2016）对包括环境税扭曲性效应引致的经济周期性进行了详细的研究。迪路索（Diluiso，2016）从校正成本的角度分析环境政策选择对宏观经济波动进行研究。埃斯帕涅等（Espagne et al，2014）从金融摩擦的角度对环境政策选择与宏观经济波动之间的关系进行了详细的研究。加内利和特瓦拉（Ganelli and Tervala，2011）从开放经济的角度对环境政策选择与宏观经济波动进行了研究，并从国际协调的角度进行了详细的分析。迪苏和卡尼佐娃（Dissou and Karnizova，2016）构建多产业部门 RBC 模型，得到不同产业部门的技术冲击造成环境政策的社会福利差异效应。安尼奇亚里科和迪迪奥（Annicchiarico and Di Dio，2015）基于新古典 DSGE 框架的环境模型向新凯恩斯 DSGE 框架的转型尝试等。

卡恩和克尼特尔（Khan and Knittel，2015）通过 DSGE 模型得到二氧化碳的排放与经济周期的关系是顺周期的。拉梅扎尼等（Ramezani et al，2016）对澳大利亚的排放补贴环境政策与宏观经济波动之间的关系进行研究。安尼奇亚里科和迪迪奥（Annicchiarico and Di Dio，2016）认为价格刚性的存在会加大不同环境政策选择对宏观经济波动的影响的程度。哈林顿（Harring，2014）认为对于新兴市场，腐败等的出现，很难评价环境政策的好坏，以及环境政策的实施是否正确。阿吉翁等（Aghion et al，2010）、伯歇尔（Böcher，2012）指出对于环境政策选择，单独的政策很难发挥作用，所以要政策搭配才能发挥较好的效果。

随着 DSGE 模型在环境领域的应用逐渐广泛，国内也涌现了大量文献。郑丽琳和朱启（2012）、吴兴弈等（2014）在 RBC 框架下考察技术偏好等冲击对经济与环境变量的影响。朱军（2015）在 RBC 框架下构建了我国环境政策选择的 DSGE 模型，并采用中国的宏观经济数据，以数值模拟的方法比较了不同环境政策效果，并基于福利分析进行环境政策选择。武晓利（2017）通过构建包含节能减排因素的三部门 DSGE 模型，研究环保技术、节能减排补贴、政府治污支出及厂商节能减排努力程度等措施对宏观经济的动态影响。肖红叶和程郁泰（2017）构建相应环境 DSGE 模型（E-DSGE），通过环境参数校准与贝叶斯估计给出我国碳减排政策对宏观经济波动的模拟。陈志建（2013）在 RBC 框架下考虑随机技术冲击对碳排放的长期动态收敛的影响，分别模拟了在未征收碳税和征收碳税的经济环境下，技术冲击对碳排放的动态收敛过程及宏观经济的影响。高捷（2015）以西安市交通统计数据为基础，构建了基准情景、征收碳减排成本情景、机动车限购情景、组合政策情景四种情景下交通碳排放趋势及其对宏观经济的影响。梁洁等（2014）在"波特假说"下为了分析环境规制对我国宏观经济的影响。另外，周明月（2013）、齐结斌和胡育蓉（2013）、高雪鹏（2015）、蔡鹏（2015）、于洪洋（2015）等也都在 RBC 框架下对环境政策选择与宏观经济波动进行了模拟研究。徐文成等（2014）应用拓展的新凯恩斯 DSGE 模型对污染排放变量和环境政策关系进行模拟，从经济增长和经济波动两个视角对限额排放、强度目标制以及污染排放税三种环境政策进行比较分析。杨翱等（2014）在新凯恩斯 DSGE 框架下考虑了金融摩擦、货币政策冲击、政府购买冲击等，模拟了征收碳税对我国经济的影响。

从上面的分析可以看出，在不确定情况下，从经济波动的角度探讨环境政策选择的文献近年来出现较多，但是在新凯恩斯框架下考虑环境政策选择的文献较少，RBC 框架下考虑的因素也存在着诸多不足，特别是多层级政府的结构和结合投入产出的大规模 DSGE 模型的文献还是比较少，这为本章的继续研究提供了空间。

第三节　环境政策选择研究现状及进一步研究的方向

综上所述，环境政策研究的文献较多，成果也极为广泛丰富。但是，从地区间竞争和宏观经济波动角度进行研究的文献较少，因而，环境政策选择问题仍有进一步研究的必要，主要理由有以下五点：

（1）以往环境政策的效应评估研究，重视检验"波特假说"和"污染天堂假说"，重视对环境政策与全要素生产率、技术创新、国际贸易和外国直接投资之间的关系、重视地区间竞争关系等，但是关于环境政策是否导致污染控制指标降低的文献偏少，关注变量之间的相关关系，对因果关系进行研究的文献较少。

（2）研究方法多数是回归类模型，关于政策评估计量经济学方法较少。量化的环境规制分析，建模的指标选择比较随意，环境规制的度量，不同测度指标均在一定程度上存在不足，计量模型的选择也存在着对非线性和空间效应考虑不足。例如，环境规制指标的构建很多都是绝对量指标，不是相对指标，这样的指标反映环境规制的松紧度并不合适；由于环境规制政策的内生性，应用环境执法事件等表述环境政策的松紧程度，导致估计的结果并不稳健，所以环境政策效应评估在经典问题的研究中也并没有取得一致的结论。

（3）类似自然实验的数据，采用政策评估计量经济学方法，通常关注点并不是对污染排放减少的分析，对环境政策的自然实验数据研究还存在着不足，特别是我国的低碳试点城市数据、两控区数据等还没有得到应用广泛。

（4）即使是 DSGE 分析，应用的都是标准化的框架，主要是采用标准的 RBC 或者是 NK 模型进行选择，没有考虑投入产出结构的网络型 DSGE 模型（Acemoglu et al，2012）和多层级政府结构模型，也没有考虑福利的大小，更没有考虑扭曲性税收、财政政策、货币政策、金融摩擦、零利率下限、消息冲击、太阳黑子冲击、适应性预期、机制转换 DSGE、异质性 DSGE 模型等。这些因素在国外环境政策选择与宏观经济波动之间的关系研究文献中也不是非常的多，所以有进一步研究的必要性。

（5）对于开放经济下环境政策的选择，国际的合作机制没有进行详细的研究。2016 年 9 月世界各地经济学家在瑞典斯德哥尔摩举行了为期两天的会议，发表了"斯德哥尔摩陈述"，并关于当代世界政策制定达成共识，其中，第三条谈到了环境可持续性是必须、第五条谈到了宏观经济政策的稳定性问题、第八条就是全球政策的协调和国际社会的责任。所以开放经济下，环境政策的选择和全球宏观经济的稳定是个重要的议题，在 DSGE 框架下研究的还不充分。

第二章

命令控制型环境政策效应的实证分析

第一节 命令控制型环境政策的作用机理分析

一、命令控制型环境政策经济效应

环境规制对环境的影响是显而易见的，国家针对环境改善做出的政策在实行期内理应使环境得到改善，但政策过后环境污染是否发生反弹，环境规制是否从根本上解决了环境污染问题。

环境规制对经济的影响可以从静态和动态两方面来分析。从静态角度来看，即传统观点认为，环境规制对经济的发展具有挤出效应，企业为了应对环境规制的要求，会增加环境治理和预防污染的投入，在总投入相对稳定的情况下，减少在创新方面的投入，以致企业的市场竞争力弱化，企业利润降低。而"波特效应"则从动态模式衡量了环境规制对经济发展的作用效果，"波特效应"认为，整个市场大环境是牵一发而动全身的循环变动过程，企业在成本最小化目标不变的情况下，将会采取更加积极有效的方式来完成环境规制的制约。环境规制促使企业大量投入创新，一方面，通过直接提升企业的生产方式，从源头减少污染的排放；另一方面，通过对废弃物进行回收处理二次利用，从而形成创新补偿效应，由于创新需要的时间和二次利用的收益都是不确定的，其产生的隐性成本自然是无法具体衡量的，企业利润的变化将是不确定的（见图2-1）。同时，"波特效应"引入中国市场需要根据中国特有的国情做出相应的改进完善，考虑到替代效应，企业会选择关停相当部分治理不达标的企业，用环保高效益企业来填补，使得企业利润升高。综上所述，环境规制对企业利润的影响与多因素相关，本节特别研究了在中国不同发达程度的地区产生的不同效应。

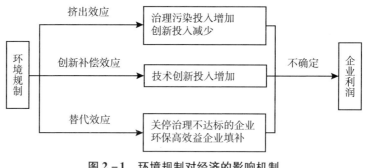

图2-1 环境规制对经济的影响机制

二、命令控制型环境政策社会效应

新古典经济学认为：环境规制的规模效应会导致企业的就业需求下降，与此同时，环境规制的要素替代效应可能会使企业的就业需求上升。环境规制的实施一般会造成就业损失和就业创造两方面的影响。如图2-2所示，从就业损失的角度来看，由于环境规制的实施，使得企业生产成本和污染减排成本上升，进而企业市场竞争力减弱，生产规模缩小，以致劳动力需求下降；同时，环境规制的实施，使得企业由劳动密集型转向资本密集型，导致劳动力需求下降。从就业创造的角度分析，在环境规制实施后，随着环保要求的提高，生产末端的大量废弃物，需要比往常更多劳动力进行更好的处理，以致劳动力需求上升；同时，企业为了环境得以改善，大力发展环保产业，从而劳动力需求上升（Bezdek et al, 2008）。因此，本节借鉴伯曼等（Berman et al, 2001）的理论模型，分析了环境规制从两个渠道使劳动力需求出现上升或下降。

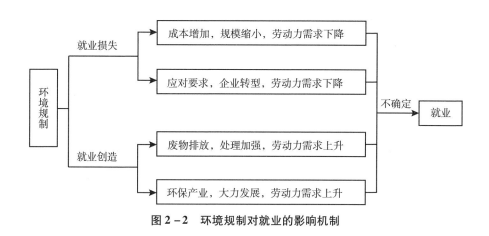

图 2 - 2　环境规制对就业的影响机制

伯曼等（Berman et al, 2001）的理论模型是基于布朗和克里斯滕森（Brown and Christensen, 1994）的局部静态均衡模型（Partial Static Equilibrium Model, PSEM）演变而来，在 PSEM 中加入了"准固定要素"，其水平大小不随市场变化，由外源性约束（如政府制定的环境规制）决定，而不是单纯由成本最小化条件决定其投入量的大小。在这里，我们将企业因遵循政府环境规制政策而产生的成本，例如，污染减排资本投资和减排成本，作为"准固定"要素，而其他的生产性要素如劳动、生产材料和资本作为可变投入要素。

假设在完全竞争市场，污染型企业以成本最小化为目标决定其投入和产出。其中，要素投入包括 J 个可变要素和 K 个"准固定"要素。本节假定可变成本函数的形式为：

$$CV = P(Y, P_1, \cdots, P_j, Z_1, \cdots, Z_k) \qquad (2.1)$$

其中，Y 为产品产量，P 是可变投入要素的价格，Z 是"准固定"要素的投入量。企业的目标函数为利润最大化，由函数的一阶条件可得劳动力需求 L 近似为关于产出、其他要素投入量以及价格的线性函数，如式（2.2）所示。

$$L = \alpha + \rho_y Y + \sum_{k=1}^{K} \rho_k Z_k + \sum_{j=1}^{J} \gamma_j P_j \qquad (2.2)$$

劳动力需求（L）关于环境规制（R）的简要函数形式可表示为：

$$L = \delta + \mu R \qquad (2.3)$$

环境规制对就业的影响机制如下：

$$\frac{dL}{dR} = \rho_{yi} \frac{dY}{dR} + \sum_{k=1}^{K} \rho_k \frac{dZ}{dR} + \sum_{j=1}^{J} Y_j \frac{dp_j}{dR} = \mu \qquad (2.4)$$

假设要素市场足够大且完全竞争，环境规制强度的变化将不会对要素市场价格产生影响，因此式（2.4）中最后一项等于 0，则式（2.4）可化简为只剩下前两项相加，其中，第 1 项 $\rho_{yi}(dY/dR)$ 可表示环境规制的产出效应，当企业为了达到政府制定的环境政策的要求，进行污染减排时，若通过企业减少生产的方式，则 dY/dR 可能为负；若企业采取绿色技术投资的方式，则 dY/dR 可能为正。第 2 项 $\sum_{k=1}^{K} P_k(dZ/dR)$ 可表示环境规制的要素替代效应，当企业随着环境规制强度增加不断加大污染减排力度时，dZ/dR 为正，P_k 值的正负反映了企业的污染减排活动与吸纳就业能力之间是互补或是替代关系，即企业的污染减排活动是劳动力需求上升或是下降。

第二节　短周期命令控制型环境政策效应的实证分析

2015 年 11 月 16 日，国家主席习近平在土耳其安塔利亚举行的二十国集团峰会上宣布：中国将于 2016 年 9 月 4 日至 5 日，在杭州举办二十国集团领导人第十一次峰会（以下简称"G20 峰会"）。为此，杭州市特制定了《杭州市 2016 年大气污染防治实施计划》，自 2016 年 1 月 1 日起施行。2016 年 4 月 21 日，浙江省杭州市召开了"长三角区域大气污染防治协作机制办公室第六次会议"，时任环境保护部部长陈吉宁、浙江省省长李强以及上海市、江苏省、浙江省、安徽省、江西省人民政府分管领导等对保障"G20 峰会"的空气质量做出了进一步部署。在"G20 峰会"临近之际，杭州市进一步制定了《G20 峰会建设系统环境质量保障工作方案》，于 8 月 24 日至 9 月 6 日在杭州市严格执行。与此同时，为落实《G20 峰会长三角及周边地区协作环境空气质量保障方案》相关要求，8 月 24 日至 9 月 6 日在上海市全市执行《G20 峰会上海市环境空气质量保障方案》，8 月 23 日至 9 月 7 日江苏省严格执行《苏州工业园区 G20 峰会环境质量工作方案》。

从上述的文件可以看出，为了"G20 峰会"的空气质量达标，杭州市和周边省份都出台了相应的空气质量命令性控制办法，这些办法是具有短期的效应，还是具有长期的效应，如果具有短期效应，表明为特殊会议召开而控制污染排放的政策在中国存在，如果具有长期效应，那么为短期的空气质量改善的政策具有长远的效果，政府的命令控制型工具不仅具有短期控制的效果也具有长期效果。目前，学者们对为特殊会议召开而控制污染排放的政策的讨论主要集中于以下两个方面：一类研究认为环境政策未改善空气质量或只具有短期效应；另一类研究则认为环境政策能长期有效控制空气污染。那么"G20 峰会"是否也属于其中一类呢？本节试图从下面两个方面进行回答。首先，将政策分为长期政策、短期政策以及无政策，同时对时期进行多阶段划分，通过描述性统计对比考察各种环境政策对空气质量改善的效果；其次，构造类似自然实验，采用政策评估方法中的基于倾向得分匹配的双重差分法（propensity score matching-difference in difference）对"G20 峰会"环境政策与空气质量之间的因果关系进行识别，并回答上述问题。

一、数据来源及变量描述

本节将实证分析区间确定为 2013 年 12 月初至 2017 年 12 月底长短不同的多个时间窗口。根据《杭州市 2016 年大气污染防治实施计划》，确定杭州自 2016 年 1 月 1 日起施行"G20 峰会"的长期政策，上海和江苏于 8 月底开始施行"G20峰会"的短期政策，其他地区无政策，通过共同趋势假设检验，实证样本最终确定为杭州、上海、江苏及湖北四个省（市）。本节对各个变量进行定义，具体如下：

（一）被解释变量

1. 空气质量指数

空气质量指数（AQI）是指根据环境空气质量标准和各项污染物对人体健康、生态、环境的影响。

2. 空气质量分指数

空气质量分指数是针对单项污染物而规定的。

（二）解释变量

定义虚拟变量 D_i 来区分城市，当该城市召开"G20峰会"，D_i 为1，否则为0；定义虚拟变量 T_t 来区分时间段，"G20峰会"政策实施时，T_t 为1，否则为0。

（三）协变量

考虑到气象条件对雾霾的影响，本章控制了气象数据，主要来自"天气后报网"，具体包括是否有雨（Rain）、是否多云（Cloudy）、是否晴朗（Sunshine）、最高温度（temp_h）、最低温度（temp_l）等变量。

通过AQI的标准差、最大值和最小值可以反映出基本情况，如表2-1所示。简单的统计分析也可以发现，在2014年1月至2017年12月的整个样本期间，空气质量"良"及以上天数占比为83.85%，但实际上在"G20峰会"召开的前后期间（2016年8月12日至9月19日），"良"及以上天数占比为97.44%，唯一未达标的一天AQI值为101，刚刚越过分界线形成轻度污染，"G20峰会"召开期间AQI值平均为69.46。

表 2 - 1
主要变量的描述性统计

变量	单位	样本量	均值	标准差	最小值	最大值
AQI	指数	1096	73.4179	33.2789	16.0000	272.0000
PM2.5	微克/立方米	1096	47.4635	28.1882	8.0000	224.0000
PM10	微克/立方米	1096	74.8376	40.2382	11.0000	283.0000
SO_2	微克/立方米	1096	11.6624	5.5835	3.0000	43.0000
NO_2	微克/立方米	1096	42.3604	16.5469	9.0000	110.0000
CO	毫克/立方米	1096	0.8526	0.2355	0.4100	2.0400
O_3	微克/立方米	1096	56.2126	28.7287	5.0000	166.0000
Rain	虚拟变量	1096	0.4936	0.5002	0.0000	1.0000
Cloudy	虚拟变量	1096	0.3339	0.4718	0.0000	1.0000
Sunshine	虚拟变量	1096	0.1724	0.3779	0.0000	1.0000

资料来源：笔者整理。

图 2 - 3 是 2015～2017 年杭州不同月份的雾霾变化趋势，图中表现出明显的季节特征。那么，在接下来的分析中不得不注重调整。

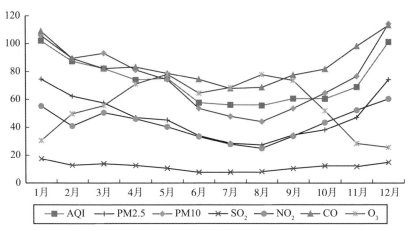

图 2 - 3　2015～2017 年杭州不同月份的污染物浓度变化趋势

注：每月数据为 2015～2017 年当月平均值，2 月统一为 28 天；便于比较趋势，图中 CO 浓度放大了 100 倍。

资料来源：笔者绘制。

　　这里还可以通过对"短期政策"实行期间和"短期政策"实行前后空气质量的比较，得到一些初步的结论。具体而言，表2-2给出了"短期政策"前13天（2016年8月12日至24日）、"短期政策"实行期间（2016年8月25日至9月6日）、"短期政策"后13天（2016年9月7日至19日）三个时期主要空气质量指标的描述性统计。表2-2中的结果看似有些出乎意料，"短期政策"实行期间的空气质量主要指标并未优于"短期政策"前后，特别是O_3的浓度出现大幅波动，O_3的浓度在每年9月几乎达到最高峰，这很可能是由于季节效应的影响。但我们通过杭州与上海的比较发现：在"短期政策"实行期间，杭州的空气质量主要指标的变化明显好于上海。以AQI为例，"短期政策"实行期间，杭州的AQI均值增长了5.8461，标准差增长了1.9548；而上海的AQI均值增长了29.6154，标准差增长了12.3422。"短期政策"后，杭州的AQI均值依然低于上海。这初步说明，杭州"G20峰会"召开期间，上海等地区通过临时性重视实行"短期政策"的效果远不比杭州实行近一年的"长期政策"的效果。

表2-2　　"短期政策"期间和"短期政策"前后空气质量描述性统计

变量	项目	"短期政策"前		"短期政策"中		"短期政策"后	
		杭州	上海	杭州	上海	杭州	上海
AQI	均值	63.6154	43.9231	69.4615	73.5385	53.8462	57.8462
	标准差	14.2451	12.1207	16.1999	24.4629	25.2878	26.7172
PM2.5	均值	27.7692	19.3077	30.6154	36.1538	31.3846	33.1538
	标准差	8.0845	5.0396	9.2063	18.1422	16.3225	20.3505
PM10	均值	43.0000	34.0000	46.1538	59.6923	45.3077	42.0769
	标准差	9.6609	5.8166	10.4231	21.2304	21.6386	20.2997
SO_2	均值	7.4615	9.2308	8.0000	13.2308	9.0000	10.3846
	标准差	0.6602	0.8321	1.7795	2.4884	2.4833	1.1929
NO_2	均值	19.6923	18.4615	14.7692	31.2308	29.4615	32.5385
	标准差	2.9548	4.0746	2.8912	10.9632	9.5098	14.9589

续表

变量	项目	"短期政策"前		"短期政策"中		"短期政策"后	
		杭州	上海	杭州	上海	杭州	上海
CO	均值	0.6023	0.6677	0.6269	0.8154	0.6985	0.7254
	标准差	0.1059	0.0352	0.0464	0.1083	0.1245	0.1503
O_3	均值	92.0000	74.3077	113.3077	113.7692	67.9231	85.2308
	标准差	21.0990	23.2106	24.9011	21.8142	24.9314	26.9108

资料来源：笔者计算。

　　进一步通过对"G20峰会"召开期间和"G20峰会"召开前后空气质量的比较，将政策效应得以放大，从而使结论更加明显的表现出来。具体来说，表2-3给出了"G20峰会"前5天、"G20峰会"召开期间（2016年9月4日至5日）、"G20峰会"后5天三个时期主要空气质量指标的描述性统计。从表2-3可以看出，杭州和上海在"G20峰会"期间空气质量主要指标均明显好于"G20峰会"前后。以AQI为例，"G20峰会"召开期间，杭州的AQI平均为48.5000，显著较"G20峰会"前的76.8000以及"G20峰会"后的68.6000要低一些；同时上海的AQI平均为57.5000，亦显著低于"G20峰会"前的98.0000以及"G20峰会"后的80.2000。这进一步说明，"G20峰会"召开期间，上海等地区的确可能通过临时性重视等使空气质量指数瞬间的达标，不过维持的时间较为短暂。

表2-3　"G20峰会"期间和"G20峰会"前后空气质量描述性统计

变量	项目	"G20峰会"前		"G20峰会"中		"G20峰会"后	
		杭州	上海	杭州	上海	杭州	上海
AQI	均值	76.8000	98.0000	48.5000	57.5000	68.6000	80.2000
	标准差	4.7117	18.8547	19.0919	10.6066	23.2873	24.1288
PM2.5	均值	38.0000	52.4000	26.0000	32.5000	42.6000	51.4000
	标准差	7.7136	18.2565	12.7279	6.3640	14.0996	15.1261

变量	项目	"G20 峰会"前		"G20 峰会"中		"G20 峰会"后	
		杭州	上海	杭州	上海	杭州	上海
PM10	均值	53.4000	82.4000	40.5000	45.0000	58.8000	60.2000
	标准差	8.9889	14.3108	20.5061	2.8284	19.2666	12.5579
SO_2	均值	8.2000	15.2000	6.5000	10.5000	9.0000	12.2000
	标准差	1.4832	1.4832	0.7071	0.7071	3.3912	1.9235
NO_2	均值	15.4000	40.2000	10.0000	23.5000	32.4000	47.6000
	标准差	3.0496	6.1806	1.4142	7.7782	13.1833	11.6103
CO	均值	0.6380	0.9280	0.5900	0.7600	0.8080	0.8800
	标准差	0.0383	0.0698	0.0566	0.0283	0.1008	0.1022
O_3	均值	124.2000	131.8000	82.5000	102.5000	80.8000	102.6000
	标准差	10.9636	18.0748	19.0919	9.1924	16.9322	20.3298

资料来源：笔者计算。

二、实证模型

目前检验"G20 峰会"对空气质量的影响可以使用单差法和双重差分法，双重差分法效果相对更优。双重差分法，即选取其他的城市作为对照组，同时考察"G20 峰会"期间与非"G20 峰会"期间的差异，以及召开"G20峰会"和没有召开"G20 峰会"的城市之间的差异。若采用单差法考察"G20峰会"对空气质量的影响，记 $D_i = 1$ 表示召开"G20 峰会"的城市（杭州）；$D_i = 0$ 表示没有召开"G20 峰会"的城市（上海、江苏、湖北等地区）。然后，计算 $D_i = 1$ 的城市（杭州）和 $D_i = 0$ 的城市（上海、江苏、湖北等地区）的空气质量指数及各单项污染物浓度。最后，将两者相减，即 $E(Y_i \mid D_i = 1) - E(Y_i \mid D_i = 0)$，这样就得出了两类城市空气质量指标的平均值差。只是将此结果作为考察"G20 峰会"对空气质量的影响过于粗糙，不能区分"G20 峰会"城市（杭州）的政策与其他城市（上海、江苏、湖北等地区）的政策效果。

因此，本节以杭州实施"G20 峰会"环境政策作为准自然实验，采用双重差分法对该政策的实施效果进行评价。此外，考虑到"G20 峰会"环境政策对杭州空气质量的改善具有长期效应，本节参照石庆玲等（2017）的做法，构建了多期不同时间窗口的双重差分模型，即基本模型 1，其具体设定如下：

$$Y_{it} = \alpha + \beta D_i + \delta T_t + \tau (D_i \times T_t) + \varepsilon_{it} \tag{2.5}$$

其中，下标 i 表示该数据相应的城市，下标 t 表示该数据相应的日期（年、月、日）；Y_{it} 以观测到的空气质量指数（AQI）以及细颗粒物（PM2.5）、可吸入颗粒物（PM10）、二氧化硫（SO_2）、二氧化氮（NO_2）、一氧化碳（CO）和臭氧（O_3）等单项污染物浓度数据加以衡量；本节定义虚拟变量 D_i 来区分城市，当该城市召开"G20 峰会"，D_i 为 1，否则为 0；定义虚拟变量 T_t 来区分时间段，"G20 峰会"政策实施时，T_t 为 1，否则为 0。

在式（2.5）中，$E[\varepsilon_{it} \mid D_i, T_t] = 0$，从而 Y_{it} 的条件数学期望可以记为：

$$E[Y_{it} \mid D_i, T_t] = \alpha + \beta D_i + \delta T_t + \tau (D_i \times T_t) \tag{2.6}$$

则

$$E[Y_{it} \mid D_i = 0, T_t = 0] = \alpha \tag{2.7}$$

$$E[Y_{it} \mid D_i = 0, T_t = 1] = \alpha + \delta \tag{2.8}$$

$$E[Y_{it} \mid D_i = 1, T_t = 0] = \alpha + \beta \tag{2.9}$$

$$E[Y_{it} \mid D_i = 1, T_t = 1] = \alpha + \beta + \delta + \tau \tag{2.10}$$

由上述式（2.7）、式（2.8）、式（2.9）及式（2.10）可以看出，控制组事前平均结果为 α，控制组事后平均结果为 $\alpha + \delta$，控制组事前事后平均结果变化为 δ，干预组事前的平均结果为 $\alpha + \beta$，干预组事后的平均结果为 $\alpha + \beta + \delta + \tau$，干预组事前事后平均结果的变化为 $\delta + \tau$，而干预组事前事后平均结果的变化中包括政策影响和共同趋势影响，将共同趋势的影响扣除，最终的政策影响为 τ，如式（2.11）所示：

$$\tau = \{ E[Y_{it} \mid D_i = 1, T_t = 1] - E[Y_{it} \mid D_i = 1, T_t = 0] \}$$
$$- \{ E[Y_{it} \mid D_i = 0, T_t = 1] - E[Y_{it} \mid D_i = 0, T_t = 0] \} \tag{2.11}$$

此外，本节也加入其他天气和温度等因素作为控制变量 X_{it}，天气变量主要包括是否下雨（Rain）、是否多云（Cloudy）、是否晴朗（Sunshine），温度变量主要包括最高温度和最低温度。下文中，通过引入 Test 检验协变量的平衡性，结果都不显著，因而满足平衡性，在模型1基础上增加控制变量，建立模型2，即双重差分倾向得分匹配（PSM-DID）模型，其回归方程见式（2.12）：

$$Y_{it} = \alpha + \beta D_i + \delta T_t + \tau(D_i \times T_t) + X_{it}\gamma + \varepsilon_{it} \qquad (2.12)$$

三、实证结果

我们首先考察"G20峰会"长期政策的实施对空气质量的影响，在此基础上，进一步考察为特殊会议召开而控制污染排放的政策能否稳定健康发展，最后，通过"G20峰会"前后周期的空气质量指数的对比，对"G20峰会"长期政策的长期效应给予实证分析。

（一）"G20峰会"长期政策的直接效应

"以改善大气环境质量为目标，以保障 G20 峰会为重点"，自 2016 年 1 月 1 日起施行《杭州市 2016 年大气污染防治实施计划》。为了考察这一长期政策实行的直接效应，在本部分，我们将从政策目的角度考察"G20 峰会"长期政策的直接效应。具体而言，我们采用双重差分法，首先就"G20 峰会"召开前的长期政策的直接效应进行检验（见表 2-4）。在此基础上，通过将长期政策效应与短期政策效应进行对比，分析长期政策在"G20 峰会"期间发挥的效用（见表 2-5）。最后引入无政策效应的空气质量给予进一步的实证检验，具体的回归结果参见表 2-6 至表 2-7。

表 2-4　　"G20 峰会"召开之前空气质量变化的回归以及检验结果

模型	变量	(1)	(2)	(3)	(4)	(5)	(6)	(7)
		AQI	PM2.5	PM10	SO_2	NO_2	CO	O_3
模型 1	$D \times T$	2.679 (4.492)	0.017 (3.791)	4.198 (5.025)	-2.131*** (0.808)	-1.177 (2.308)	-0.002 (0.032)	3.435 (3.803)
	样本数	948	948	948	948	948	948	948
	R^2	0.000	0.000	0.020	0.060	0.000	0.020	0.080
	T 检验	不显著	不显著	不显著	不显著	不显著	不显著	不显著

续表

模型	变量	(1)	(2)	(3)	(4)	(5)	(6)	(7)
		AQI	PM2.5	PM10	SO_2	NO_2	CO	O_3
模型2	$D \times T$	2.413 (4.487)	-0.089 (3.787)	3.801 (5.016)	-2.223 *** (0.801)	-1.275 (2.304)	-0.002 (0.032)	3.054 (3.793)
	样本数	948	948	948	948	948	948	948
	R^2	0.000	0.000	0.020	0.050	0.000	0.020	0.080
	T检验	不显著	不显著	不显著	不显著	不显著	不显著	不显著

注：①括号内数值为回归系数的异方差标准误；*、** 和 *** 分别表示10%、5%和1%的显著性水平。②其中参与 T 检验的三个协变量 *Rain*、*Cloudy*、*Sunshine* 的 p 值分别为 1.000、0.766 以及 0.686。

资料来源：笔者基于 Stata 软件估计。

表2-5　　　　　长期政策与短期政策对比的回归以及检验结果

模型	变量	(1)	(2)	(3)	(4)	(5)	(6)	(7)
		AQI	PM2.5	PM10	SO_2	NO_2	CO	O_3
模型1	$D \times T$	-23.769 ** (9.650)	-14.000 ** (6.231)	-22.538 *** (7.267)	-3.462 *** (0.898)	-17.692 *** (3.441)	-0.123 *** (0.045)	-18.154 (12.649)
	样本数	52	52	52	52	52	52	52
	R^2	0.32	0.24	0.35	0.68	0.52	0.53	0.36
	T检验	不显著	不显著	不显著	不显著	不显著	不显著	不显著
模型2	$D \times T$	-22.487 ** (9.238)	-13.487 ** (5.880)	-22.308 *** (6.989)	-3.615 *** (0.906)	-17.897 *** (3.577)	-0.119 *** (0.043)	-16.487 (12.658)
	样本数	52	52	52	52	52	52	52
	R^2	0.32	0.25	0.36	0.69	0.52	0.54	0.35
	T检验	不显著	不显著	不显著	不显著	不显著	不显著	不显著

注：①括号内数值为回归系数的异方差标准误；*、** 和 *** 分别表示10%、5%和1%的显著性水平。②其中参与 T 检验的三个协变量 *Rain*、*Cloudy*、*Sunshine* 的 p 值分别为 0.6353、1.0000 以及 0.6736。

资料来源：笔者基于 Stata 软件估计。

表 2 - 6　　　　　　　　杭州与湖北对比的回归以及检验结果

模型	变量	(1) AQI	(2) PM2.5	(3) PM10	(4) SO$_2$	(5) NO$_2$	(6) CO	(7) O$_3$
模型1	$D \times T$	4.615 (9.271)	3.154 (6.492)	1.385 (11.539)	−5.308*** (1.304)	−17.846*** (5.478)	0.135* (0.078)	20.692* (11.337)
	样本数	52	52	52	52	52	52	52
	R^2	0.18	0.18	0.60	0.46	0.60	0.53	0.17
	T检验	不显著	不显著	不显著	不显著	不显著	不显著	不显著
模型2	$D \times T$	4.923 (8.671)	1.983 (6.599)	2.752 (10.353)	−4.966*** (1.307)	−14.684*** (5.355)	0.129* (0.074)	18.598 (11.161)
	样本数	52	52	52	52	52	52	
	R^2	0.19	0.18	0.62	0.45	0.58	0.51	0.17
	T检验	不显著	不显著	不显著	不显著	不显著	不显著	不显著

注：①括号内数值为回归系数的异方差标准误；*、** 和 *** 分别表示10%、5%和1%的显著性水平。②其中参与 T 检验的三个协变量 Rain、Cloudy、Sunshine 的 p 值分别为 0.5580、0.4404 以及 0.6736。

资料来源：笔者基于 Stata 软件估计。

表 2 - 7　　　　　　　　上海与湖北对比的回归以及检验结果

模型	变量	(1) AQI	(2) PM2.5	(3) PM10	(4) SO$_2$	(5) NO$_2$	(6) CO	(7) O$_3$
模型1	$D \times T$	28.385*** (10.368)	17.154** (7.607)	23.923* (12.445)	−1.846 (1.397)	−0.154 (6.263)	0.258*** (0.078)	38.846*** (11.163)
	样本数	52	52	52	52	52	52	52
	R^2	0.42	0.29	0.57	0.59	0.42	0.35	0.34
	T检验	不显著	不显著	不显著	不显著	不显著	不显著	不显著
模型2	$D \times T$	27.205*** (9.624)	13.444* (7.822)	23.906** (10.800)	−1.197 (1.355)	4.034 (6.385)	0.240*** (0.076)	35.291*** (10.890)
	样本数	52	52	52	52	52	52	
	R^2	0.45	0.31	0.61	0.58	0.38	0.31	0.36
	T检验	不显著	不显著	不显著	不显著	不显著	不显著	不显著

注：①括号内数值为回归系数的异方差标准误；*、** 和 *** 分别表示10%、5%和1%的显著性水平。②其中参与 T 检验的三个协变量 Rain、Cloudy、Sunshine 的 p 值分别为 0.2957、0.4404 以及 1.0000。

资料来源：笔者基于 Stata 软件估计。

根据表 2–4 的回归结果，我们发现 $D \times T$ 的估计系数除了 SO_2 在 1% 的水平上显著为负，其余均不显著，这表明在"G20 峰会"召开之前，长期政策使杭州的单项污染物 SO_2 明显得到改善，整体来看，长期政策对杭州的空气质量效应不太明显。

根据表 2–5 的回归结果，我们发现 $D \times T$ 的估计系数均显著为负，除了 O_3 不显著，由此可知，在"G20 峰会"临近期间，长期政策使杭州的空气质量得到了极大的提升，并且效果明显强于短期政策。O_3 下降趋势不明显，可能与其形成原因和来源有关，O_3 是一种二次污染物，容易在太阳的照耀下发生化学反应。所以，"G20 峰会"的召开对其影响不太明显，也在情理之中。

根据表 2–6，我们发现 $D \times T$ 的估计系数在 5% 水平上几乎均不显著，除了 SO_2 和 NO_2 显著为负，这表明在"G20 峰会"临近期间，长期政策的施行改善了杭州的空气质量，特别是 SO_2 和 NO_2 明显降低。而表 2–7 的回归结果显示，$D \times T$ 的估计系数几乎均显著为正，除了 SO_2 和 NO_2 不显著，这表明在"G20 峰会"临近期间，短期政策的施行严重污染了上海的空气质量。

因此，结合表 2–4 到表 2–7 的回归结果，可以发现长期政策使杭州的空气质量得以好转，在"G20 峰会"即将来临之际，其效果非常显著。模型 2 的结果与模型 1 都保持一致，保证了结论的可靠性。

(二)"G20 峰会"长期政策的稳定性检验

根据表 2–4 到表 2–7 的回归结果，我们可知长期政策有效改善了杭州的空气质量，那么，可不可能发生反弹呢？接下来，我们进一步缩小样本范围，将长期政策对"G20 峰会"前后空气质量的影响得以充分表现。具体而言，本部分以 2 天为一个单位，设置"G20 峰会"前 3~4 天（*before*2）、"G20 峰会"前 1~2 天（*before*1）以及"G20 峰会"后 1~2 天（*after*1）、"G20 峰会"后 3~4 天（*after*2）等短期单位，分别以"G20 峰会"之前的 4 天以及"G20 峰会"之后的 4 天为基准组，模型 1 具体的回归结果见表 2–8。

表 2 - 8   "G20 峰会"前后各空气质量指数的变化

时期	变量	(1) AQI	(2) PM2.5	(3) PM10	(4) SO_2	(5) NO_2	(6) CO	(7) O_3
before2	D	-19.500* (7.159)	-9.000 (13.210)	-26.000 (12.207)	-7.000*** (0.707)	-28.000** (8.062)	-0.235*** (0.050)	-5.000 (9.487)
	$D \times T$	10.500 (17.022)	2.500 (16.606)	21.500 (19.059)	3.000** (1.000)	14.500 (9.811)	0.065 (0.067)	-15.000 (17.734)
	R^2	0.83	0.53	0.75	0.98	0.87	0.93	0.85
before1	D	-38.500*** (6.021)	-26.500*** (1.118)	-36.500*** (6.265)	-7.000*** (1.414)	22.000*** (3.162)	-0.350*** (0.057)	-31.000*** (2.236)
	$D \times T$	29.500 (16.576)	20.000 (10.124)	32.000 (15.922)	3.000 (1.581)	8.500 (6.423)	0.180* (0.072)	11.000 (15.149)
	R^2	0.90	0.91	0.87	0.94	0.91	0.95	0.90
G20	D	-9.000 (15.443)	-6.500 (10.062)	-4.500 (14.637)	-4.000*** (0.707)	-13.500* (5.590)	-0.170** (0.045)	-20.000 (14.983)
	R^2	0.15	0.17	0.05	0.94	0.74	0.88	0.47
after1	D	-10.500*** (0.500)	-7.000** (2.000)	-8.000 (2.000)	-6.000* (2.550)	-27.000*** (3.162)	-0.125*** (0.018)	-16.000 (10.296)
	$D \times T$	1.500 (15.452)	0.500 (10.259)	3.500 (17.299)	2.000 (2.646)	13.500 (6.423)	-0.045 (0.048)	-4.000 (18.180)
	R^2	0.29	0.38	0.15	0.79	0.95	0.93	0.63
after2	D	-21.500 (21.030)	-20.500* (8.500)	-8.500 (11.011)	-3.500 (2.062)	-20.500* (7.433)	-0.125* (0.053)	-16.000 (19.799)
	$D \times T$	12.500 (26.091)	14.000 (13.172)	4.000 (18.317)	-0.500 (2.179)	7.000 (9.301)	-0.045 (0.069)	-4.000 (24.829)
	R^2	0.74	0.85	0.66	0.80	0.93	0.95	0.42

注：①括号内数值为回归系数的异方差标准误；*、** 和 *** 分别表示 10%、5% 和 1% 的显著性水平。②参与表中回归的样本量 $N = 8$。
资料来源：笔者基于 Stata 软件估计。

根据表 2 - 8 的回归结果，$D \times T$ 的估计系数均不显著，表明长期政策的效应与短期政策的效应无明显差别。D 的估计系数均为负，G20、before2 和 after2 大部分呈现出不显著，而 before1 和 after1 均显著为负，表明在"G20 峰会"前后两天，实施短期政策的地区空气质量指数出现了大幅度增长，空气质量严重污染，而实施长期政策的地区空气质量一直保持在优良水平。因此，为特殊会议召开而控制污染排放的政策是稳定持续的。

（三）"G20 峰会"长期政策的长期效应

根据上文的回归结果，可以发现，"G20 峰会"长期政策使空气质量得以改善，并且在"G20 峰会"前后未出现任何大幅波动或恶化现象，然而，这样的好景象是否可以持续呢？接下来，我们将以 250 天为一个单位，设置"G20 峰会"结束后 1 期和"G20 峰会"开始准备前 1 期为控制组，"G20 峰会"的准备期为干预组，运用模型 1 和模型 2 就"G20 峰会"长期政策的长期效应给予进一步的实证分析，具体的回归结果见表 2 – 9。

表 2 – 9　　　"G20 峰会"之后空气质量变化的回归以及检验结果

模型	变量	(1)	(2)	(3)	(4)	(5)	(6)	(7)
		AQI	PM2.5	PM10	SO_2	NO_2	CO	O_3
模型 1	D	1.072 (2.874)	– 2.304 (2.429)	– 1.088 (3.660)	– 1.672*** (0.398)	– 7.904*** (1.489)	– 0.118*** (0.019)	15.804*** (2.436)
	$D \times T$	– 0.532 (4.124)	0.432 (3.494)	3.172 (5.191)	– 1.476** (0.609)	4.408** (2.083)	0.052* (0.028)	– 10.364*** (3.581)
	样本数	1000	1000	1000	1000	1000	1000	1000
	R^2	0.00	0.00	0.00	0.07	0.04	0.05	0.05
	T 检验	不显著	不显著	不显著	不显著	不显著	不显著	不显著
模型 2	D	2.521 (2.858)	– 1.276 (2.410)	0.469 (3.655)	– 1.451*** (0.395)	– 7.686*** (1.489)	– 0.115*** (0.019)	16.804*** (2.440)
	$D \times T$	– 1.580 (4.078)	– 0.307 (3.449)	2.003 (5.156)	– 1.651*** (0.610)	4.317** (2.085)	0.050* (0.028)	– 11.293*** (3.591)
	样本数	1000	1000	1000	1000	1000	1000	1000
	R^2	0.00	0.00	0.00	0.07	0.04	0.05	0.06
	T 检验	不显著	不显著	不显著	不显著	不显著	不显著	不显著

注：①括号内数值为回归系数的异方差标准误；＊、＊＊和＊＊＊分别表示 10%、5% 和 1% 的显著性水平。②其中参与检验的三个协变量 *Rain*、*Cloudy*、*Sunshine* 的值分别为 0.1530、0.3403 以及 0.4859。

资料来源：笔者基于 Stata 软件估计。

由表 2-9 的回归结果，我们看到第（1）列 D 和 $D \times T$ 的估计系数均不显著，表明"G20 峰会"结束之后空气质量指数 AQI 并未发生明显变化，且 D 的估计系数为正，表明"G20 峰会"结束之后空气质量指数 AQI 较准备期略有下降，$D \times T$ 的估计系数为负，表明"G20 峰会"结束之后空气质量指数 AQI 较准备期前一期亦有所下降，所以"G20 峰会"结束之后空气质量较之前两期都得到一定的改善。第（2）~（7）列是单项污染物在三个时期的比较，第（2）（3）列 D 和 $D \times T$ 的估计系数依然不显著，表明"G20 峰会"结束之后 PM2.5 和 PM10 的与空气质量指数 AQI 非常一致，均未发生明显变化。O_3 较之前显然好转，而 SO_2、NO_2 和 CO 在"G20 峰会"结束之后有所上升，由于此处主要是为了通过双重差分法进行三期空气质量的对比，所以未严格控制季节效应等客观因素的影响，可能造成了一定的影响，但并未引起空气质量指数 AQI 大幅波动，说明 SO_2、NO_2 和 CO 的指数相对于其他污染物处于偏低状态，所以出现上升趋势并没有太大影响。因此，为特殊会议召开而控制污染排放的政策具有可持续性。模型 2 的结果与模型 1 保持一致，验证了结论是可靠的。

四、稳健性检验

（一）"G20 峰会"长期政策的安慰剂检验

上述所有结果可以解释为"G20 峰会"事件影响的关键是共同趋势假设成立，由于有"G20 峰会"前多期数据，先通过画时间趋势图（如图 2-4 所示），形象地看到各趋势线大致平行，直观判断上海、江苏、安徽、江西以及湖北与杭州有着近似的发展趋势，进一步参考阿巴迪和德米西（Abadie and Dermisi，2008）的做法，以事件发生之前的观测样本进行安慰剂检验。具体而言，我们选用 2013 年 12 月至 2016 年 1 月（共 26 个）的月度数据，以 2015 年 1 月作为虚拟的政策干预时点，重复了前面的分析，模型 1 的估计结果见表 2-10。结果显示，"G20 峰会"事件之前均没有显著的政策影响，从而说明，共同趋势假设有可能成立，至少没有发现不成立的证据。

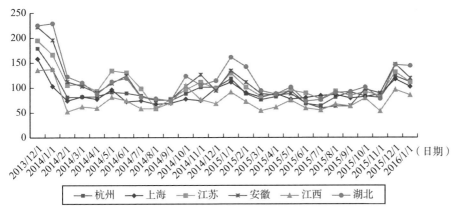

图 2-4　AQI 随时间变化趋势

表 2-10　　　　　　　　　　共同趋势假设检验的回归结果

地区	变量	(1) AQI	(2) PM2.5	(3) PM10	(4) SO$_2$	(5) NO$_2$	(6) CO	(7) O$_3$
上海	$D \times T$	-11.231 (12.246)	-7.154 (12.152)	-12.692 (14.882)	-3.231 (4.489)	-2.154 (7.049)	-0.040 (0.109)	-8.077 (18.881)
	样本数	52	52	52	52	52	52	52
	R^2	0.03	0.05	0.15	0.09	0.01	0.03	0.02
江苏	$D \times T$	8.385 (14.662)	11.692 (13.930)	17.154 (19.942)	0.000 (5.129)	1.769 (7.105)	-0.074 (0.126)	-4.308 (21.896)
	样本数	52	52	52	52	52	52	52
	R^2	0.10	0.13	0.20	0.15	0.03	0.02	0.01
安徽	$D \times T$	15.000 (17.413)	10.538 (15.516)	4.769 (16.670)	-2.462 (4.152)	-5.462 (5.836)	0.014 (0.128)	-16.077 (16.134)
	样本数	52	52	52	52	52	52	52
	R^2	0.11	0.14	0.13	0.12	0.44	0.09	0.30
江西	$D \times T$	1.538 (13.016)	2.077 (12.199)	-6.231 (15.704)	-3.615 (4.421)	0.462 (5.905)	0.097 (0.101)	-2.308 (17.667)
	样本数	52	52	52	52	52	52	52
	R^2	0.17	0.15	0.11	0.22	0.41	0.10	0.06

地区	变量	(1) AQI	(2) PM2.5	(3) PM10	(4) SO_2	(5) NO_2	(6) CO	(7) O_3
湖北	$D \times T$	6.923 (18.817)	6.231 (17.526)	-3.385 (18.937)	9.077 (6.087)	4.692 (7.447)	0.100 (0.144)	-0.385 (21.121)
	样本数	52	52	52	52	52	52	52
	R^2	0.12	0.12	0.13	0.33	0.06	0.24	0.00

注：括号内数值为回归系数的异方差标准误。
资料来源：笔者基于 Stata 软件估计。

（二）变换核匹配变量的再检验

针对上文实证长期政策的直接效应，通过对原来 PSM-DID 模型的协变量做出变换，重新通过倾向指数模型进行回归，得出结果如表 2 - 11 所示。由表 2 - 11 可以发现，无论是在原来 PSM-DID 模型中加入协变量最高温度和最低温度，或是将原来 PSM-DID 模型的天气协变量换成最高温度和最低温度，结果都与原来相似，长期政策的效果在实施初期并未很好的表现出来，这进一步佐证了上文的结论，长期政策在实施初期的效应表现不明显，空气质量并没有显著改善。

表 2 - 11　　　　　　　　核匹配有温度变量的回归结果

模型	变量	(1) AQI	(2) PM2.5	(3) PM10	(4) SO_2	(5) NO_2	(6) CO	(7) O_3
模型2 （a）	$D \times T$	10.697 ** (5.235)	7.336 * (4.405)	14.221 ** (5.614)	-1.137 (1.064)	1.261 (2.747)	0.054 (0.039)	0.628 (4.610)
	样本数	948	948	948	948	948	948	948
	R^2	0.01	0.01	0.02	0.07	0.01	0.03	0.06
	T检验	不显著	不显著	不显著	不显著	不显著	不显著	不显著

续表

模型	变量	(1)	(2)	(3)	(4)	(5)	(6)	(7)
		AQI	PM2.5	PM10	SO_2	NO_2	CO	O_3
模型2 (b)	$D \times T$	8.428 (5.129)	4.318 (4.410)	12.749** (5.695)	-1.106 (1.074)	0.817 (2.672)	0.018 (0.037)	4.435 (4.035)
	样本数	948	948	948	948	948	948	948
	R^2	0.01	0.01	0.01	0.07	0.01	0.02	0.09
	T检验	不显著	不显著	不显著	不显著	不显著	不显著	不显著

注：①括号内数值为回归系数的异方差标准误；*、** 和 *** 分别表示10%、5%和1%的显著性水平。②模型2（a）包含天气和温度变量进行核匹配，其中参与 T 检验的五个协变量 *Rain*、*Cloudy*、*Sunshine*、*temp_h*、*temp_l* 的 p 值分别为 1.0000、0.7664、0.6856、0.5939 和 0.1975；模型2（b）只包含温度变量进行核匹配，其中参与 T 检验的两个协变量 *temp_h*、*temp_l* 的 p 值分别为 0.5939 和 0.1975。

资料来源：笔者基于 Stata 软件估计。

（三）更换样本的再检验

针对上文实证的长期政策与短期政策的对比部分，通过对 PSM-DID 模型的原来选择的样本做出变换，重新通过倾向指数模型进行回归，具体结果如表 2 - 12 所示。根据表 2 - 12 的回归结果，$D \times T$ 的估计系数在10%水平上均不显著，D 的估计系数均为负，$G20$、*before2*、*after1* 和 *after2* 大部分呈现出不显著，而 *before1* 均显著为负，与原结论一致，进一步验证了长期政策创造的为特殊会议召开而控制污染排放的政策是稳定持续的。

表 2 - 12   杭州与江苏（苏州）对比的回归结果

时期	变量	(1)	(2)	(3)	(4)	(5)	(6)	(7)
		AQI	PM2.5	PM10	SO_2	NO_2	CO	O_3
before2	D	-9.000 (4.743)	-14.000 (6.671)	-28.000* (12.207)	-5.500*** (1.118)	-22.500*** (4.031)	-0.245** (0.070)	10.500 (10.920)
	$D \times T$	-22.500 (19.333)	-2.500 (13.481)	-12.500 (21.430)	-2.500 (1.323)	-14.000* (5.431)	-0.205* (0.081)	-26.500 (18.914)
	R^2	0.70	0.69	0.74	0.96	0.97	0.95	0.78

续表

时期	变量	(1)	(2)	(3)	(4)	(5)	(6)	(7)
		AQI	PM2.5	PM10	SO_2	NO_2	CO	O_3
before1	D	-32.000**	-17.500**	-48.000***	-8.500***	-29.500**	-0.455***	-18.500**
		(7.810)	(4.610)	(6.519)	(1.118)	(7.566)	(0.072)	(6.576)
	$D \times T$	0.500	1.000	7.500	0.500	-7.000	0.005	2.500
		(20.304)	(12.590)	(18.782)	(1.323)	(8.396)	(0.083)	(16.785)
	R^2	0.81	0.77	0.87	0.98	0.94	0.97	0.82
G20	D	-31.500	-16.500	-40.500	-8.000***	-36.500***	-0.450***	-16.000
		(18.742)	(11.715)	(17.614)	(0.707)	(3.640)	(0.041)	(15.443)
	R^2	0.59	0.50	0.73	0.98	0.98	0.98	0.35
after1	D	-12.000	-9.500	-19.000	-5.500	-48.000**	-0.375**	21.000*
		(10.512)	(9.500)	(19.105)	(4.031)	(12.369)	(0.091)	(7.810)
	$D \times T$	-19.500	-7.000	-21.500	-2.500	11.500	-0.075	-37.000*
		(21.488)	(15.083)	(25.986)	(4.093)	(12.894)	(0.100)	(17.306)
	R^2	0.60	0.44	0.62	0.74	0.93	0.95	0.82
after2	D	-7.000	1.000	-17.500	-4.000	-27.000***	-0.240***	-6.000
		(24.789)	(8.631)	(11.102)	(2.828)	(5.523)	(0.045)	(22.023)
	$D \times T$	-24.500	-17.500	-23.000	-4.000	-9.500	-0.210**	-10.000
		(31.077)	(14.552)	(20.821)	(2.915)	(6.614)	(0.061)	(26.898)
	R^2	0.51	0.56	0.72	0.83	0.97	0.98	0.22

注：①括号内数值为回归系数的异方差标准误；*、**和***分别表示10%、5%和1%的显著性水平。②参与表中回归的样本量 $N=8$。

资料来源：笔者基于 Stata 软件估计。

（四）"G20 峰会"召开时间的事实检验

根据上文的逻辑分析，为了迎接"G20 峰会"的到来，杭州从 2016 年 1 月 1 日开始全面展开改善空气质量的计划，由图 2－5 可以直观地看到在 2015～2017 年中，2016 年 9 月 4～5 日的各项空气质量浓度都几乎最低，但并没有太大波动。模型 1 的具体回归结果见表 2－13。

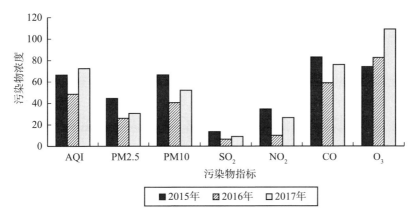

图 2 – 5　2015 ~ 2017 年杭州 "G20 峰会" 期间的污染物浓度变化

注：①各指标数据为 9 月 4 ~ 5 日平均值；②便于比较趋势，图中 CO 浓度放大了 100 倍。
资料来源：笔者绘制。

表 2 – 13　　　　　　　　　"G20 峰会" 召开时间的事实检验回归结果

模型	变量	(1)	(2)	(3)	(4)	(5)	(6)	(7)
		AQI	PM2.5	PM10	SO_2	NO_2	CO	O_3
模型 1 (a)	D	– 18. 000 (34. 271)	– 18. 500 (24. 233)	– 26. 000 (36. 503)	– 7. 000 (4. 528)	– 24. 500 * (10. 548)	– 0. 240 (0. 126)	8. 500 (28. 412)
	R^2	0. 22	0. 22	0. 20	0. 60	0. 78	0. 58	0. 35
模型 1 (b)	D	– 24. 000 (21. 319)	– 4. 500 (14. 603)	– 11. 500 (22. 344)	– 2. 500 * (1. 118)	– 16. 500 ** (3. 640)	– 0. 170 (0. 126)	– 26. 500 (22. 500)
	R^2	0. 22	0. 22	0. 20	0. 60	0. 78	0. 58	0. 35

注：①括号内数值为回归系数的异方差标准误；＊、＊＊ 和 ＊＊＊ 分别表示 10% 、5% 和 1% 的显著性水平。②模型 1 （a）表示杭州 2016 年 9 月 4 ~ 5 日与 2015 年 9 月 4 ~ 5 日各种空气质量指数变化的比较；模型 1 （b）表示杭州 2016 年 9 月 4 ~ 5 日与 2017 年 9 月 4 ~ 5 日各种空气质量指数变化的比较。③参与表中回归的样本量 $N = 8$。
资料来源：笔者基于 Stata 软件估计。

　　根据表 2 – 13 的回归结果，我们发现 D 的估计系数几乎均不显著，表明 "G20 峰会" 结束之后空气质量较之前两期并没有发生明显变化，与上文结果一致，"G20 峰会" 长期政策创造的为特殊会议召开而控制污染排放的政策具有可持续性，不显著的原因可能是杭州的空气质量本身就处于较好的状态，而"G20峰会"提出的空气质量要求是"良"以上，所以杭州采取各项措施对空气质量的改善着重是让空气质量稳定在较低水平，并非要有太多的降低，以致结果不太显著。

第三节　长周期命令控制型环境政策效应的实证分析

上一节是短周期、小范围环境政策效应的实证分析，那么对于长周期、大范围环境政策效应怎么样呢？我们采用经典的两控区数据进行实证分析，希望通过该分析为我们对环境政策选取提供参考依据。

一、数据来源及变量描述

本节采用的数据主要来自《中国城市统计年鉴》，为 1995～2016 年地级以上城市市辖区数据。表 2-14 为主要变量的描述性统计量，由于部分城市的部分年度数据不可得，样本量为 287 个地级以上城市。其中，两控区内城市有 160 个，区外城市有 127 个。主要被解释变量为"每平方公里 SO_2 排放对数值""产业结构""第一、第二、第三产业占 GDP 比重""第一、第二、第三产业的就业人员比重""职工平均工资"。《中国城市统计年鉴》中每平方公里 SO_2 排放对数值在 1998 年之前缺失严重，本书针对环境效应未使用双重差分法，也就没有对每平方公里 SO_2 排放对数值在 1998 年之前的数据做出处理。

表 2-14　　　　　　　　　　主要变量的描述性统计量

变量名	含义	样本量	均值	标准差	最小值	最大值
lnpso2	每平方公里 SO_2 排放对数值	4445	1.267	1.494	-6.87	6.76
is	产业结构	6008	0.843	0.411	0.09	9.48
fir_ig	第一产业占 GDP 比重	6009	16.719	10.324	0.03	61.2

变量名	含义	样本量	均值	标准差	最小值	最大值
sec_ig	第二产业占 GDP 比重	6009	47.153	11.292	9	90.97
thi_ig	第三产业占 GDP 比重	6009	36.125	8.552	8.5	85.34
fir_e	第一产业的就业人员比重	5974	9.279	16.355	0	77.99
sec_e	第二产业的就业人员比重	6007	41.729	14.497	4.46	84.6
thi_e	第三产业的就业人员比重	6007	49.060	15.071	9.91	108.03
$wage$	职工平均工资	6009	23.958	18.782	0	320.63
$lngdp$	期初的地区实际 GDP 对数值	5940	15.086	1.841	7.29	19.34
$invr$	固定资产投资增长率	5941	24.969	44.187	−100	1472.95
$popur$	人口自然增长率	5986	5.945	4.401	−8.9	49.25
$lnfdi$	当年实际使用外资金额对数值	5694	9.102	2.074	0.69	14.94
$lnhighs$	普通高等学校在校学生对数值	5641	9.853	1.511	4.25	13.87
$grade$	几线城市分类	5944	3.597	1.200	1	5
$main$	主体功能区级别	6018	2.154	0.806	1	4

二、实证模型

为探究命令控制型环境政策在我国独特的社会主义模式下的进一步发展，本节以"两控区"政策为例，具体地，基于 1998 年"两控区"政策构建如下双重差分（difference in difference，DID）模型，比较"两控区"政策前后处理组与对照组地区的环境、经济以及社会效应，模型构建如下：

$$Y_{it} = \alpha + \beta TCZ_i \times Post98_t + X'_{it}\gamma + \mu_i + \lambda_t + \varepsilon_{it} \qquad (2.13)$$

其中，i 表示地区，t 表示年份，Y 为被解释变量，即环境、经济以及社会效应的综合指数，本节考虑到弹性或半弹性以及可能存在指数增长的趋势，选择对部分指标取对数；TCZ_i 用以识别地区 i 是否受"两控区"政策的影响，若地区 i 在两控区内则赋值为 1，若地区 i 不在两控区内则赋值为 0；$Post98_t$ 用以识别"两控区"政策实施的时间，鉴于国务院于 1998 年 1 月 12 日颁布《国务院关于酸雨控制区和二氧化硫污染控制区有关问题的批复通知》，"两

控区"政策自 1998 年 1 月 12 日开始施行，本书将 1998 年以前各年份定义为
"两控区"政策实施之前，将 1998 年及以后各年份定义为"两控区"政策实
施之后；μ_i 用以控制地区固定效应，λ_t 用以控制年份固定效应，ε_{it} 为随机扰
动项，α、β、γ 为待估计参数。模型估计所得标准误差均值地区（城市）层
面聚类调整，用以缓解可能存在的组内自相关问题。为使得模型（2.13）估
计得到的系数 β 无偏，需满足 TCZ_i 与 $Post98_t$ 分别与随机干扰项 ε_{it} 无关。因
此，模型（2.13）除了控制地区与年份的固定效应之外，还应加入特征向量
X'_{it} 使得上述条件得以满足，即同时满足"两控区"政策施行年份选择的随机
性以及"两控区"政策划分地区选择的随机性。具体参照蒋灵多等（2018）
一文中关于识别条件检验部分的讨论。

为了具体分析实施"两控区"政策的环境、经济以及社会效应，本节进
行了以下回归分析。

首先，本节使用每平方公里二氧化硫排放对数值指标衡量环境效应，来
检验"两控区"政策的实施是否达到有效控制大气污染，改善环境质量的目
的。回归方程如式（2.14）所示：

$$\ln pso2_{it} = \alpha + X'_{it}\gamma + \mu_i + \lambda_t + \varepsilon_{it} \tag{2.14}$$

其中，$\ln pso2_{it}$ 表示每平方公里二氧化硫排放对数值，参考汤韵和梁若冰
（2012）、洪源等（2018），控制变量 X'_{it} 包括：期初的地区实际 GDP 水平，即
期初的地区实际 GDP 对数值 $\ln gdp$；当年实际使用外资金额对数值 $\ln fdi$。

其次，本节分析了实施"两控区"政策对经济发展的作用结果，采用徐
现祥等（2007）的方法，为了解决控制变量缺失问题，选择曼昆等（Mankiw
et al，1992）的标准经济增长方程的解释变量作为控制变量 X'_{it}，代入式
（2.13）后，回归方程如式（2.15）所示：

$$\ln g_{it} = \alpha + \beta TCZ_i \times Post98_t + \gamma_1 \ln y_{i,t-1} + \gamma_2 \ln invr_{i,t}$$
$$+ \gamma_3(popur_{it} + \theta_{it} + \delta_{it}) + \mu_i + \lambda_t + \varepsilon_{it} \tag{2.15}$$

其中，g_{it} 包括产业结构 is，用各地区第三产业占 GDP 比重除以第二产业占
GDP 比重；第一、第二、第三产业占 GDP 比重 fir_ig、sec_ig、thi_ig。因此，
不仅考察了产业结构整体的变动状态，而且通过对比第一、第二、第三产业
占 GDP 比重的结果，使跨产业产值流动情况一目了然。同时分别以一线、二

线、三线、四线、五线城市作为分组依据，即 $grade = 1$，2，3，4，5，比较了"两控区"政策前后处理组与对照组地区的经济效应。控制变量 X'_{it} 包括：期初实际 $GDPy_{i,t-1}$（或期初实际人均 $GDPpcy_{i,t-1}$）；固定资产投资增长率 $invr_{i,t}$；人口自然增长率 $popur_{it}$；技术进步率 θ_{it}；固定资产折旧率 δ_{it}，且本节采用徐现祥等（2007）设定的 $\theta_{it} + \delta_{it} = 10\%$，即技术进步率和固定资产折旧率之和取 10%，那么定义新的变量为 $xpopur_{it} = popur_{it} + 10\%$，这个变量的变化主要取决于人口各年的变化数量。

最后，本节参照孙文远和杨琴（2017）从不同角度用五个指标来衡量实施"两控区"政策的社会效应，主要针对就业的数量和质量，回归方程如式（2.16）所示：

$$\ln emp_{it} = \alpha + \beta TCZ_i \times Post\,98_t + X'_{it}\gamma + \mu_i + \lambda_t + \varepsilon_{it} \qquad (2.16)$$

其中，针对就业数量，emp_{it} 包括第一、第二、第三产业的就业人员比重 fir_e、sec_e、thi_e。当实行"两控区"政策时，或多或少会对不同产业的生产组织方式和技术选择产生差异性的影响，通过对比三者的结果来检验劳动力跨产业流动的证据以及同一政策给不同产业带来的不同效应。针对就业质量，emp_{it} 表示职工平均工资 $wage$。同时分别以一线、二线、三线、四线、五线城市作为分组依据，即 $grade = 1$，2，3，4，5，比较了"两控区"政策前后处理组与对照组地区的社会效应。控制变量 X'_{it} 包括：期初的地区实际 GDP 水平，即期初的地区实际 GDP 对数值 $\ln gdp$；当年实际使用外资金额对数值 $\ln fdi$；普通高等学校在校学生对数值 $\ln highs$。

三、实证结果

（一）环境效应分析（各类型城市的二氧化硫）

本节根据回归方程式（2.14）分析了实施"两控区"政策对二氧化硫污染排放的作用，结果如表 2–15 所示。需要补充说明一下，关于这部分环境效应分析，使用的并非双重差分，只是运用一般的简单回归分析了一下各年二氧化硫污染排放的变化。

表 2 - 15　　2001～2016 年"两控区"政策对二氧化硫污染排放的作用

年份	总样本	两控区	非两控区
2001	- 0. 141 * (0. 079)	- 0. 154 * (0. 081)	- 0. 081 (0. 154)
2003	- 1. 509 *** (0. 113)	- 1. 447 *** (0. 130)	- 1. 504 *** (0. 191)
2004	- 1. 392 *** (0. 130)	- 1. 303 *** (0. 147)	- 1. 388 *** (0. 213)
2005	- 1. 235 *** (0. 157)	- 1. 126 *** (0. 179)	- 1. 214 *** (0. 236)
2006	- 1. 214 *** (0. 187)	- 1. 134 *** (0. 206)	- 1. 118 *** (0. 280)
2007	- 1. 229 *** (0. 216)	- 1. 123 *** (0. 240)	- 1. 120 *** (0. 318)
2008	- 1. 824 *** (0. 255)	- 1. 673 *** (0. 284)	- 1. 734 *** (0. 369)
2009	- 1. 373 *** (0. 289)	- 1. 183 *** (0. 315)	- 1. 304 *** (0. 415)
2010	- 1. 411 *** (0. 309)	- 1. 175 *** (0. 337)	- 1. 375 *** (0. 443)
2011	- 1. 641 *** (0. 346)	- 1. 407 *** (0. 371)	- 1. 558 *** (0. 493)
2012	- 1. 471 *** (0. 385)	- 1. 212 *** (0. 410)	- 1. 378 ** (0. 550)
2013	- 1. 784 *** (0. 410)	- 1. 390 *** (0. 437)	- 1. 851 *** (0. 589)
2014	- 1. 586 *** (0. 425)	- 1. 294 *** (0. 452)	- 1. 494 ** (0. 602)
2015	- 1. 647 *** (0. 442)	- 1. 365 *** (0. 468)	- 1. 521 ** (0. 623)
2016	- 2. 403 *** (0. 457)	- 2. 102 *** (0. 483)	- 2. 276 *** (0. 650)

续表

年份	总样本	两控区	非两控区
lngdp	0.147 (0.215)	−0.097 (0.218)	0.264 (0.298)
lnfdi	0.001 (0.024)	0.037 (0.027)	−0.050 (0.038)
常数项	0.371	4.149	−1.585
地区固定效应	Y	Y	Y
观测值	4212	2441	1771
R^2	0.183	0.160	0.144

注：括号内的数值为回归系数的异方差标准误；*、** 和 *** 分别表示 10%、5% 和 1% 的显著性水平。

资料来源：笔者利用 Stata 软件计算。

表 2 – 15 第（1）~（3）列分别报告了全国范围内、两控区内以及非两控区内实施"两控区"政策之后各年二氧化硫的排放，结果都表明实施"两控区"政策之后各年二氧化硫的排放显著降低，由于实施"两控区"政策的地区是有选择性的，主要包括酸雨或二氧化硫污染严重的地区，由此说明"两控区"政策对二氧化硫的排放具有明显改善效果。

（二）经济效应分析（各类型城市的各产业）

本书根据回归方程式（2.15）分析了实施"两控区"政策对经济的影响，结果如表 2 – 16 至表 2 – 19 所示。

表 2 –16　　　　　　　　　"两控区"政策对产业结构的作用

变量	总样本	一线城市	二线城市	三线城市	四线城市	五线城市
$TCZ \times Post98$	0.081 ** (0.032)	0.688 *** (0.239)	0.062 (0.051)	0.010 (0.059)	−0.044 (0.044)	0.068 (0.048)
lngdp	−0.088 *** (0.021)	−0.003 (0.086)	−0.171 ** (0.070)	−0.046 (0.049)	−0.129 *** (0.029)	−0.206 *** (0.033)

续表

变量	总样本	一线城市	二线城市	三线城市	四线城市	五线城市
invr	−0.000 (0.000)	0.000 (0.000)	0.000 *** (0.000)	−0.000 (0.000)	−0.000 (0.000)	−0.000 (0.000)
xpopur	0.000 (0.002)	0.014 (0.018)	0.000 (0.003)	−0.003 (0.002)	−0.000 (0.002)	−0.003 (0.002)
常数项	2.003 *** (0.297)	0.800 (1.445)	3.266 *** (1.022)	1.417 ** (1.417)	2.520 *** (0.379)	3.559 *** (0.681)
地区固定效应	Y	Y	Y	Y	Y	Y
年份固定效应	Y	Y	Y	Y	Y	Y
观测值	5914	415	656	1449	1721	1601
R²	0.023	0.125	0.166	0.063	0.177	0.096

注：括号内的数值为回归系数的异方差标准误；∗、∗∗和∗∗∗分别表示10%、5%和1%的显著性水平。

资料来源：笔者利用Stata软件计算。

表2−17　　　　　　　　　"两控区"政策对第一产业发展的作用

变量	总样本	一线城市	二线城市	三线城市	四线城市	五线城市
$TCZ \times Post98$	1.180 (0.883)	−4.228 ** (1.839)	1.888 (2.142)	−1.029 (1.948)	1.863 (1.723)	0.506 (1.556)
$\ln gdp$	−0.695 (0.519)	−1.103 * (0.580)	−1.660 *** (0.567)	0.545 (1.070)	−0.924 (1.134)	−3.232 ** (1.296)
invr	0.004 ** (0.002)	0.001 (0.002)	−0.000 (0.001)	0.012 ** (0.005)	0.010 *** (0.003)	0.002 (0.002)
xpopur	−0.125 *** (0.038)	0.163 * (0.082)	0.029 (0.054)	−0.094 (0.057)	−0.089 (0.055)	−0.241 *** (0.075)
常数项	33.220 *** (7.325)	26.018 ** (9.214)	39.268 *** (8.459)	15.002 (15.521)	40.479 ** (15.535)	68.695 *** (0.174)
地区固定效应	Y	Y	Y	Y	Y	Y
年份固定效应	Y	Y	Y	Y	Y	Y
观测值	5915	416	656	1449	1721	1601
R²	0.123	0.362	0.248	0.181	0.263	0.081

注：括号内的数值为回归系数的异方差标准误；∗、∗∗和∗∗∗分别表示10%、5%和1%的显著性水平。

资料来源：笔者利用Stata软件计算。

表 2–18　　　　　　　　　　"两控区"政策对第二产业发展的作用

变量	总样本	一线城市	二线城市	三线城市	四线城市	五线城市
$TCZ \times Post98$	-2.683 *** (0.790)	-12.554 ** (5.071)	-2.202 (1.582)	0.078 (1.321)	-0.718 (1.535)	-1.326 (1.476)
$\ln gdp$	2.991 *** (0.591)	1.000 (1.779)	5.275 *** (1.681)	1.529 (1.127)	4.667 *** (1.093)	6.561 *** (1.423)
$invr$	0.001 (0.002)	0.003 (0.005)	-0.003 ** (0.001)	-0.003 (0.004)	-0.000 (0.005)	0.001 (0.004)
$xpopur$	0.084 ** (0.043)	-0.102 (0.198)	-0.021 (0.098)	0.114 * (0.066)	0.066 (0.062)	0.205 ** (0.081)
常数项	3.194 (8.174)	35.264 (28.760)	-28.235 (24.487)	23.582 (15.832)	-20.930 *** (14.679)	-42.906 ** (18.404)
地区固定效应	Y	Y	Y	Y	Y	Y
年份固定效应	Y	Y	Y	Y	Y	Y
观测值	5915	416	656	1449	1721	1601
R^2	0.071	0.075	0.071	0.116	0.211	0.086

注：括号内的数值为回归系数的异方差标准误；*、** 和 *** 分别表示 10%、5% 和 1% 的显著性水平。

资料来源：笔者利用 Stata 软件计算。

表 2–19　　　　　　　　　　"两控区"政策对第三产业发展的作用

变量	总样本	一线城市	二线城市	三线城市	四线城市	五线城市
$TCZ \times Post98$	1.510 ** (0.697)	16.698 *** (4.807)	0.296 (1.671)	0.956 (1.480)	-1.143 (1.117)	0.832 (1.343)
$\ln gdp$	-2.303 *** (0.467)	0.135 (1.541)	-3.619 ** (1.650)	-2.081 * (1.189)	-3.748 *** (0.764)	-3.350 *** (0.859)
$invr$	-0.005 ** (0.002)	-0.003 (0.005)	0.003 ** (0.001)	-0.010 *** (0.003)	-0.010 ** (0.004)	-0.003 (0.004)
$xpopur$	0.040 (0.030)	-0.063 (0.188)	-0.008 (0.077)	-0.021 (0.064)	0.023 (0.046)	0.034 (0.050)
常数项	63.684 *** (6.481)	38.227 (24.622)	89.039 *** (24.124)	61.504 *** (16.612)	80.510 *** (10.348)	74.491 *** (11.231)

变量	总样本	一线城市	二线城市	三线城市	四线城市	五线城市
地区固定效应	Y	Y	Y	Y	Y	Y
年份固定效应	Y	Y	Y	Y	Y	Y
观测值	5915	415	656	1450	1721	1601
R^2	0.008	0.247	0.279	0.143	0.201	0.140

注：括号内的数值为回归系数的异方差标准误；*、** 和 *** 分别表示 10%、5% 和 1% 的显著性水平。
资料来源：笔者利用 Stata 软件计算。

表 2-16 第（1）列是以实施"两控区"政策的地区为考察组、以全国其他地区为对照组的估计结果，从表中可知，"两控区"政策的实施对产业结构的影响在 5% 的水平上显著为正，由此表明实施"两控区"政策地区的第三产业占 GDP 比重与第二产业占 GDP 比重的比值明显上升，工业的发展在一定程度上受到了阻碍。第（2）~（6）列是分别以一线、二线、三线、四线、五线城市为总体，其中实施"两控区"政策的地区为考察组、其他地区为对照组的估计结果，从中发现，只有一线城市的结果在 1% 的水平上显著为正，二线、三线、四线、五线城市的结果都不显著，由此表明，一线城市对"两控区"政策的产业结构调整作用最明显，第二产业发展减弱，第三产业得到强化发展，而二线、三线、四线、五线城市则没有发生太明显的改变，甚至四线城市第三产业的比重发生了下降，第二产业比重依然处于上升状态，并未能够完全阻挡原先的发展模式。

表 2-17 第（1）列是以实施"两控区"政策的地区为考察组、以全国其他地区为对照组的估计结果，从表中可知，"两控区"政策的实施对第一产业发展的影响不显著，由此表明实施"两控区"政策地区的农业发展相对较平稳，没有太大变动幅度。第（2）~（6）列是分别以一线、二线、三线、四线、五线城市为总体，其中实施"两控区"政策的地区为考察组、其他地区为对照组的估计结果，从中发现，只有一线城市的结果在 5% 的水平上显著为负，二线、三线、四线、五线城市的结果都不显著，由此表明，"两控区"政策对农业发展的影响在一线城市最明显，发生了显著降低，而二线、

三线、四线、五线城市的变化则没有太明显，相对保持原先的状态。

表2-18第（1）列是以实施"两控区"政策的地区为考察组、以全国其他地区为对照组的估计结果，从表中可知，"两控区"政策的实施对第二产业的影响在1%的水平上显著为负，由此表明实施"两控区"政策地区的第二产业发展明显减少，即工业的发展在一定程度上受到了阻碍。第（2）~（6）列是分别以一线、二线、三线、四线、五线城市为总体，其中实施"两控区"政策的地区为考察组、其他地区为对照组的估计结果，从中发现，只有一线城市的结果在1%的水平上显著为正，二线、三线、四线、五线城市的结果都不显著，由此表明，在一线城市"两控区"政策使第二产业的发展迅速减缓，而二线、三线、四线、五线城市的变化则没有太明显，二线、四线、五线城市均处于下降状态。

表2-19第（1）列是以实施"两控区"政策的地区为考察组、以全国其他地区为对照组的估计结果，从表中可知，"两控区"政策的实施对第三产业的影响在5%的水平上显著为正，由此表明实施"两控区"政策地区的第三产业明显上升，服务业的发展在一定程度上受到了推动。第（2）~（6）列是分别以一线、二线、三线、四线、五线城市为总体，其中实施"两控区"政策的地区为考察组、其他地区为对照组的估计结果，从中发现，只有一线城市的结果在1%的水平上显著为正，二线、三线、四线、五线城市的结果都不显著，由此表明，"两控区"政策对一线城市的第三产业作用最明显，发生大幅度上升，而二线、三线、四线、五线城市的变化则没有太明显，甚至四线城市第三产业发生了下降。

（三）社会效应分析（各类型城市的各产业）

表2-20第（1）列是以实施"两控区"政策的地区为考察组、以全国其他地区为对照组的估计结果，从表中可知，"两控区"政策的实施对第一产业就业的影响不显著，由此表明实施"两控区"政策地区在农业方面的就业相对较平稳，没有太大变动幅度。第（2）~（6）列是分别以一线、二线、三线、四线、五线城市为总体，其中实施"两控区"政策的地区为考察组、其他地区为对照组的估计结果，从中发现，只有一线城市的结果在1%的水

平上显著为负，二线、三线、四线、五线城市的结果都不显著，由此表明，"两控区"政策对农业就业的影响在一线城市最明显，发生了显著降低，而二线、三线、四线、五线城市的变化则没有太明显，相对保持原先的状态。

表2-20　　　　　　　　"两控区"政策对第一产业就业的影响

变量	总样本	一线城市	二线城市	三线城市	四线城市	五线城市
$TCZ \times Post98$	3.299 (2.322)	-22.401 *** (6.106)	1.519 (5.785)	3.476 (3.663)	-3.127 (3.360)	-4.756 (6.172)
$\ln gdp$	-1.705 (1.137)	0.048 (3.305)	-5.574 ** (2.539)	-1.668 (1.555)	-2.505 * (1.273)	-8.793 ** (4.057)
$\ln fdi$	0.420 (0.197)	-1.647 * (0.881)	-0.000 (0.668)	1.013 * (0.513)	0.376 (0.314)	0.552 ** (0.219)
$\ln highs$	-1.394 ** (0.859)	-0.718 (2.292)	-1.372 (1.619)	1.018 (1.338)	-1.371 (0.856)	-2.715 * (1.576)
常数项	76.211 *** (18.543)	52.947 (34.624)	132.029 *** (39.830)	51.944 ** (23.491)	92.398 *** (19.796)	173.994 *** (58.339)
地区固定效应	Y	Y	Y	Y	Y	Y
年份固定效应	Y	Y	Y	Y	Y	Y
观测值	5318	414	642	1416	1632	1146
R^2	0.678	0.699	0.794	0.777	0.736	0.551

注：括号内的数值为回归系数的异方差标准误；*、**和***分别表示10%、5%和1%的显著性水平。

资料来源：笔者利用Stata软件计算。

表2-21第（1）列是以实施"两控区"政策的地区为考察组、以全国其他地区为对照组的估计结果，从表中可知，"两控区"政策的实施对第二产业就业的影响不显著，由此表明实施"两控区"政策地区在工业方面的就业相对较平稳，没有太大变动幅度。第（2）~（6）列是分别以一线、二线、三线、四线、五线城市为总体，其中实施"两控区"政策的地区为考察组、其他地区为对照组的估计结果，从中发现，只有五线城市的结果在10%的水平上显著为正，一线、二线、三线、四线城市的结果都不显著，由此表明，"两控区"政策对工业就业的影响在五线城市最明显，发生了显著上升，而

一线、二线、三线、四线城市的变化则没有太明显，相对保持原先的状态。

表 2-21　　　　　　　　"两控区"政策对第二产业就业的影响

变量	总样本	一线城市	二线城市	三线城市	四线城市	五线城市
$TCZ \times Post98$	1.424 (1.560)	-13.969 (9.073)	3.440 (4.054)	1.989 (2.641)	1.550 (2.618)	6.092 * (3.758)
$\ln gdp$	-0.030 (0.952)	-1.571 (2.952)	3.698 (2.704)	-3.016 ** (1.217)	1.051 (1.363)	6.418 * (3.579)
$\ln fdi$	-0.333 (0.203)	0.188 (1.293)	-1.233 (0.844)	-0.187 (0.432)	-0.128 (0.329)	0.166 (0.247)
$\ln highs$	2.788 *** (0.878)	11.379 *** (2.904)	4.373 (3.268)	0.085 (0.888)	2.883 *** (1.026)	2.836 * (1.576)
常数项	8.492 (16.762)	-57.051 (39.529)	-49.639 (50.796)	70.185 *** (20.000)	-11.473 (20.933)	-75.605 (53.881)
地区固定效应	Y	Y	Y	Y	Y	Y
年份固定效应	Y	Y	Y	Y	Y	Y
观测值	5349	416	649	1421	1633	1162
R^2	0.163	0.091	0.064	0.192	0.245	0.102

注：括号内的数值为回归系数的异方差标准误；*、** 和 *** 分别表示 10%、5% 和 1% 的显著性水平。

资料来源：笔者利用 Stata 软件计算。

表 2-22 第（1）列是以实施"两控区"政策的地区为考察组、以全国其他地区为对照组的估计结果，从表中可知，"两控区"政策的实施对第三产业就业的影响在 1% 水平上显著为负，由此表明实施"两控区"政策地区在服务业方面的就业产生了下降。第（2）~（6）列是分别以一线、二线、三线、四线、五线城市为总体，其中实施"两控区"政策的地区为考察组、其他地区为对照组的估计结果，从中发现，一线城市的结果在 1% 的水平上显著为正，三线城市的结果在 5% 的水平上显著为负，其余都不显著，由此表明，"两控区"政策使得一线城市的服务业就业明显上升，使三线城市的服务业就业明显降低。

表 2 – 22   "两控区" 政策对第三产业就业的影响

变量	总样本	一线城市	二线城市	三线城市	四线城市	五线城市
$TCZ \times Post98$	-4.722 *** (1.596)	37.344 *** (9.145)	-4.903 (4.300)	-5.477 ** (2.639)	1.575 (2.557)	-1.257 (4.274)
$\ln gdp$	1.787 ** (0.771)	1.673 (2.789)	1.656 (3.813)	4.674 *** (1.305)	1.467 (1.400)	2.725 (1.762)
$\ln fdi$	-0.063 (0.195)	1.330 (1.240)	1.363 (0.831)	-0.824 * (0.470)	-0.250 (0.298)	-0.651 ** (0.257)
$\ln highs$	-1.475 ** (0.709)	-11.157 *** (1.934)	-3.312 (2.553)	-1.125 (1.514)	-1.547 (1.060)	-0.143 (0.598)
常数项	15.123 (12.007)	109.442 ** (43.832)	22.684 (56.551)	-21.832 (24.040)	19.195 (20.579)	-3.052 (22.135)
地区固定效应	Y	Y	Y	Y	Y	Y
年份固定效应	Y	Y	Y	Y	Y	Y
观测值	5349	416	649	1421	1633	1162
R^2	0.300	0.0002	0.042	0.397	0.406	0.237

注：括号内的数值为回归系数的异方差标准误；*、** 和 *** 分别表示 10%、5% 和 1% 的显著性水平。
资料来源：笔者利用 Stata 软件计算。

表 2 – 23 第（1）列是以实施 "两控区" 政策的地区为考察组、以全国其他地区为对照组的估计结果，从表中可知，"两控区" 政策的实施对职工平均工资的影响在 1% 水平上显著为正，由此表明实施 "两控区" 政策地区职工平均工资明显提升。第（2）~（6）列是分别以一线、二线、三线、四线、五线城市为总体，其中实施 "两控区" 政策的地区为考察组、其他地区为对照组的估计结果，从中发现，一线城市和三线城市的结果在 1% 的水平上显著为正，其余都不显著，由此表明，"两控区" 政策使得一线城市和三线城市的职工平均工资明显上升。

表 2 - 23   "两控区"政策对职工平均工资的影响

变量	总样本	一线城市	二线城市	三线城市	四线城市	五线城市
$TCZ \times Post98$	2.869 *** (0.644)	103.642 *** (14.090)	1.622 (1.136)	2.245 *** (0.829)	-0.856 (1.206)	1.234 (0.961)
$\ln gdp$	2.832 *** (0.512)	1.923 (1.696)	2.080 * (1.093)	0.938 (0.573)	1.775 * (1.037)	3.720 *** (1.069)
$\ln fdi$	0.010 (0.131)	-2.095 * (1.052)	1.188 *** (0.339)	0.374 * (0.205)	0.205 (0.187)	0.311 (0.218)
$\ln highs$	-0.417 (0.528)	-12.973 *** (3.830)	-0.422 (0.956)	0.976 ** (0.439)	0.624 (0.597)	-0.386 (0.636)
常数项	-30.694 *** (6.995)	138.935 ** (55.771)	-32.204 * (16.726)	-19.293 ** (8.856)	-25.665 * (13.249)	-41.671 *** (15.134)
地区固定效应	Y	Y	Y	Y	Y	Y
年份固定效应	Y	Y	Y	Y	Y	Y
观测值	5340	416	648	1420	1630	1159
R^2	0.848	0.688	0.955	0.928	0.769	0.871

注：括号内的数值为回归系数的异方差标准误；* 、** 和 *** 分别表示 10%、5% 和 1% 的显著性水平。

资料来源：笔者利用 Stata 软件计算。

四、稳健性检验

(一) 双重差分模型假设检验

1. 平行趋势检验

$$Y_{it} = \alpha + \beta_t TCZ_i \times Post98_t + \sum_{\tau \in \{-2,-1,0\}} \beta_\tau TCZ_i$$

$$\times Post98_\tau + X'_{it}\gamma + \mu_i + \lambda_t + \varepsilon_{it} \qquad (2.17)$$

其中，TCZ_i 还是分组虚拟变量，但这时 $Post98_\tau$ 有所变化，$Post98_\tau$ 为年份虚拟变量，当年份为 1995 年时，$Post98_{-2}$ 取值为 1，反之为 0；当年份为 1996

年时，$Post98_{-1}$ 取值为 1，反之为 0；当年份为 1997 年时，$Post98_0$ 取值为 1，反之为 0。从而，政策实施前有 3 个年份虚拟变量，以及 TCZ_i 与其得到的 3 个交互项。由于 1997 年数据缺失较严重，所以 β_0 未做具体分析。

根据表 2-24，变量 $TCZ \times Post98_{-2}$ 和 $TCZ \times Post98_{-1}$ 表示是否受"两控区"政策影响的虚拟变量与"两控区"政策实施之前 2 年和前 1 年的年份虚拟变量的交叉项，$TCZ \times Post98_{-2}$ 和 $TCZ \times Post98_{-1}$ 的系数即可用来评估处理组与对照组在政策实施前因变量的变化是否一致。由第（1）（3）（5）（7）列的结果可以发现，在评估经济效应的过程中，变量 $TCZ \times Post98_{-2}$ 和 $TCZ \times Post98_{-1}$ 的系数完全不显著；由第（2）（4）（6）（8）列的结果可以得出，加入控制变量后，变量 $TCZ \times Post98_{-2}$ 和 $TCZ \times Post98_{-1}$ 的系数也基本不显著，只有在考察第三产业占 GDP 比重时，$TCZ \times Post98_{-1}$ 的系数在 10% 的水平上略微显著，主要可能是控制变量的选取使得"两控区"政策在 1995 年经济效应大幅度降低，在 1996 年经济效应大幅度上升，我国"两控区"的划分是按一定的标准实施的，而第三产业的发展本身就对地区环境的变化相对较敏感。本节将在接下来的实证分析中会相对弱化对第三产业的分析。

表 2-24　　　　　"两控区"政策经济效应的平行趋势检验

变量	is		fir_ig		sec_ig		thi_ig	
	（1）	（2）	（3）	（4）	（5）	（6）	（7）	（8）
$TCZ \times Post98$	0.049 (0.032)	0.051 (0.032)	1.265** (0.566)	1.261** (0.550)	-2.010*** (0.726)	-2.043*** (0.710)	0.746 (0.571)	0.784 (0.560)
$TCZ \times Post98_{-2}$	-0.054 (0.043)	-0.033 (0.043)	0.024 (0.750)	0.176 (0.732)	1.119 (0.963)	0.403 (0.944)	-1.148 (0.757)	-0.582 (0.745)
$TCZ \times Post98_{-1}$	-0.028 (0.043)	-0.052 (0.043)	0.037 (0.750)	0.052 (0.734)	0.719 (0.962)	1.426 (0.946)	-0.763 (0.756)	-1.488* (0.747)
$\ln gdp$		-0.089*** (0.012)		-0.700*** (0.198)		3.029*** (0.255)		-2.336*** (0.201)
$invr$		-0.000 (0.000)		0.003*** (0.001)		0.001 (0.002)		-0.005*** (0.001)

续表

变量	is		fir_ig		sec_ig		thi_ig	
	（1）	（2）	（3）	（4）	（5）	（6）	（7）	（8）
xpopur		0.000 （0.000）		−0.125 *** （0.017）		0.084 （0.022）		0.040 （0.017）
常数项	0.843	2.032	22.989	33.183	43.731	2.444	33.278	64.477
地区 固定效应	Y	Y	Y	Y	Y	Y	Y	Y
年份 固定效应	Y	Y	Y	Y	Y	Y	Y	Y
观测值	6008	5914	6009	5915	6009	5915	6009	5915
R^2	0.024	0.026	0.092	0.120	0.037	0.079	0.014	0.005

注：括号内的数值为回归系数的异方差标准误；＊、＊＊和＊＊＊分别表示10%、5%和1%的显著性水平。

资料来源：笔者利用 Stata 软件计算。

根据表2 − 25，由第（1）～（8）列的结果可以发现，在评估社会效应的过程中，不论是否加入控制变量，变量 $TCZ \times Post98_{-2}$ 和 $TCZ \times Post98_{-1}$ 的系数都完全不显著。由此表明本节所使用的双重差分模型的平行趋势假设成立。

表2 − 25　　　　　　　"两控区" 政策社会效应的平行趋势检验

变量	fir_e		sec_e		thi_e		wage	
	（1）	（2）	（3）	（4）	（5）	（6）	（7）	（8）
$TCZ \times Post98$	1.563 （1.124）	3.640 *** （1.109）	1.925 ** （1.007）	1.275 （1.087）	−3.463 *** （1.013）	−4.923 *** （1.056）	1.889 ** （0.850）	2.107 ** （0.957）
$TCZ \times$ $Post98_{-2}$	−0.234 （1.480）	1.115 （1.481）	−0.226 （1.326）	−0.188 （1.451）	0.464 （1.334）	−0.949 （1.411）	−0.608 （1.128）	−1.765 （1.278）
$TCZ \times$ $Post98_{-1}$	−0.490 （1.479）	−0.134 （1.466）	−0.047 （1.325）	−0.235 （1.437）	0.542 （1.333）	0.365 （1.397）	−0.491 （1.127）	−0.415 （1.266）
lngdp		−1.751 *** （0.340）		−0.029 （0.391）		1.832 *** （0.381）		2.889 *** （0.345）

续表

变量	fir_e		sec_e		thi_e		wage	
	(1)	(2)	(3)	(4)	(5)	(6)	(7)	(8)
lnfdi		0.421 *** (0.113)		−0.332 *** (0.110)		−0.064 (0.107)		0.010 (0.097)
ln$highs$		−1.394 *** (0.273)		2.788 *** (0.267)		−1.475 *** (0.259)		−0.417 * (0.235)
常数项	44.922	76.156	28.476	8.587	26.632	15.089	5.420	−30.397
地区 固定效应	Y	Y	Y	Y	Y	Y	Y	Y
年份 固定效应	Y	Y	Y	Y	Y	Y	Y	Y
观测值	5974	5318	6007	5349	6007	5349	6009	5340
R^2	0.656	0.675	0.153	0.161	0.344	0.300	0.824	0.848

注：括号内的数值为回归系数的异方差标准误；*、** 和 *** 分别表示 10%、5% 和 1% 的显著性水平。

资料来源：笔者利用 Stata 软件计算。

2. 随机性（预期效应）检验

$$Y_{it} = \alpha + \beta TCZ_i \times Post98_t + \beta' TCZ_i \times Post96_t + X'_{it}\gamma + \mu_i + \lambda_t + \varepsilon_{it} \quad (2.18)$$

或

$$Y_{it} = \alpha + \beta TCZ_i \times Post98_t + \beta'' TCZ_i \times Post97_t + X'_{it}\gamma + \mu_i + \lambda_t + \varepsilon_{it} \quad (2.19)$$

借鉴蒋灵多和陆毅（2018）的方法，文中对"两控区"政策进行预期效应检验，通过在模型（2.13）中分别加入 $TCZ_i \times Post96_t$ 和 $TCZ_i \times Post97_t$ 进行单独估计，分别考察在 1996 年与 1997 年是否存在预期效应，其中，$Post96_t$ 与 $Post97_t$ 的定义方法同 $Post98_t$。若 β' 和 β'' 的结果显著，则表明在政策调整之前存在预期效应。表 2 − 26 和表 2 − 27 的预期效应结果显示，$TCZ_i \times Post96_t$ 和 $TCZ_i \times Post97_t$ 的系数均不显著，且核心变量 $TCZ_i \times Post98_t$ 的系数仍显著为正，由此可知，"两控区"政策冲击之前，处理组城市对该政策变动并不存在显著的预期效应。

表 2 - 26　　　　　　　　　　"两控区"政策经济效应的随机性检验

变量	is		fir_ig		sec_ig		thi_ig	
	(1)	(2)	(3)	(4)	(5)	(6)	(7)	(8)
$TCZ \times Post98$	0.079 *** (0.022)	0.051 (0.032)	1.233 *** (0.383)	1.261 ** (0.550)	-2.811 *** (0.494)	-2.042 *** (0.710)	1.586 *** (0.390)	0.784 (0.560)
$TCZ \times Post96$	0.005 (0.036)		-0.148 (0.617)		0.360 (0.796)		-0.214 (0.629)	
$TCZ \times Post97$		0.043 (0.037)		-0.114 (0.642)		-0.911 (0.828)		1.032 (0.654)
$\ln gdp$	-0.088 *** (0.011)	-0.088 *** (0.011)	-0.701 *** (0.197)	-0.695 *** (0.196)	3.004 *** (0.255)	2.990 *** (0.253)	-2.311 *** (0.201)	-2.302 *** (0.200)
$invr$	-0.000 (0.000)	-0.000 (0.000)	0.004 *** (0.001)	0.004 *** (0.001)	0.001 (0.002)	0.001 (0.002)	-0.005 *** (0.001)	-0.005 *** (0.001)
$xpopur$	0.000 (0.001)	0.000 (0.001)	-0.125 *** (0.017)	-0.125 *** (0.017)	0.084 *** (0.022)	0.084 *** (0.022)	0.040 ** (0.017)	0.040 (0.017)
常数项	2.001	2.003	33.297	33.221	3.009	3.199	63.794	63.678
地区固定效应	Y	Y	Y	Y	Y	Y	Y	Y
年份固定效应	Y	Y	Y	Y	Y	Y	Y	Y
观测值	5914	5914	5915	5915	5915	5915	5915	5915
R^2	0.022	0.021	0.126	0.124	0.074	0.067	0.007	0.010

注：括号内的数值为回归系数的异方差标准误；＊、＊＊和＊＊＊分别表示10%、5%和1%的显著性水平。

资料来源：笔者利用Stata软件计算。

表 2 - 27　　　　　　　　　　"两控区"政策社会效应的随机性检验

变量	fir_e		sec_e		thi_e		wage	
	(1)	(2)	(3)	(4)	(5)	(6)	(7)	(8)
$TCZ \times Post98$	3.713 *** (0.769)	3.634 *** (1.109)	1.403 ** (0.754)	1.275 (1.086)	-5.122 *** (0.733)	-4.917 *** (1.056)	2.332 *** (0.664)	2.113 ** (0.957)
$TCZ \times Post96$	-1.188 (1.247)		0.060 (1.223)		1.148 (1.189)		1.540 (1.077)	

续表

变量	fir_e		sec_e		thi_e		wage	
	(1)	(2)	(3)	(4)	(5)	(6)	(7)	(8)
$TCZ \times Post97$		-0.477 (1.292)		0.212 (1.267)		0.278 (1.232)		1.075 (1.116)
$\ln gdp$	-1.751^{***} (0.400)	-1.712^{***} (0.397)	-0.028 (0.391)	-0.027 (0.389)	1.831^{***} (0.380)	1.790^{***} (0.378)	2.891^{***} (0.345)	2.846^{***} (0.343)
$\ln fdi$	0.421^{***} (0.113)	0.420^{***} (0.113)	-0.333^{***} (0.110)	-0.332^{***} (0.110)	-0.063 (0.107)	-0.063 (0.107)	0.009 (0.097)	0.011 (0.097)
$\ln highs$	-1.394^{***} (0.273)	-1.393^{***} (0.273)	2.788^{***} (0.267)	2.788^{***} (0.267)	-1.475^{***} (0.259)	-1.476^{***} (0.259)	-0.417^{**} (0.235)	-0.419^{**} (0.235)
常数项	76.812	76.295	8.462	8.455	14.544	15.074	-31.471	-30.883
地区固定效应	Y	Y	Y	Y	Y	Y	Y	Y
年份固定效应	Y	Y	Y	Y	Y	Y	Y	Y
观测值	5318	5318	5349	5349	5349	5349	5340	5340
R^2	0.686	0.680	0.163	0.164	0.300	0.300	0.847	0.847

注：括号内的数值为回归系数的异方差标准误；*、** 和 *** 分别表示10%、5%和1%的显著性水平。

资料来源：笔者利用 Stata 软件计算。

（二）稳健性检验

1. 动态影响（滞后效应）检验

基于二氧化硫污染严重，国家可以使"两控区"政策在某个时点立马出台，但政策出台后，其对环境的改善效果并不一定是即时的，可能是逐步形成的，并且随着时间的推移其效应也许会发生相应的变化，故建立回归方程，如式（2.20）所示：

$$Y_{it} = \alpha + \sum_{\tau \in \{0-,1+,2+,\cdots,19\mid\}} \beta_\tau TCZ_i \times Post98_\tau$$
$$+ X'_{it}\gamma + \mu_i + \lambda_t + \varepsilon_{it} \tag{2.20}$$

其中，TCZ_i 还是分组虚拟变量，但这时 $Post\,98_\tau$ 有所变化，$Post\,98_\tau$ 为年份虚拟变量，$TCZ_i \times Post\,98_\tau$ 是两个虚拟变量的集合，等于 1 表示城市 i 实施"两控区"政策已经过了 τ 期，其中 $1 \leqslant \tau \leqslant 19$，$\tau = 0$ – 表示城市 i 已经实施了"两控区"政策在 0 期及以下，$\tau \leqslant 0$ – 作为对照。系数 β_1，β_2，…，β_{19} 反映了政策实施后 1 ~ 19 年实验组和对照组的差异。

表 2 – 28 报告了"两控区"政策对环境的动态影响，第（1）列没有加入控制变量，第（2）列加入了控制变量，结果都显示在 2005 年及之前实行"两控区"政策的地区相对于其他地区二氧化硫有显著提高，体现出"两控区"政策实行初期没有一下子改善原有的模式，即实行"两控区"政策的地区环境质量不如没有实行"两控区"政策的地区。2005 ~ 2010 年在没有加入控制变量时二氧化硫有显著提高，加入控制变量后二氧化硫的变化不再显著，由此表明在这期间，实行"两控区"政策的地区二氧化硫有所改善，几乎能达到没有实行"两控区"政策地区的正常水平。2011 年及之后的结果基本不显著，表示没有发生明显反弹迹象。

表 2 – 28　　　　　　　　"两控区"政策对环境的动态影响

变量	（1）	（2）
$TCZ \times Year98$		
$TCZ \times Year99$	0.494 *** (0.132)	0.414 *** (0.139)
$TCZ \times Year00$		
$TCZ \times Year01$	0.414 *** (0.127)	0.296 ** (0.131)
$TCZ \times Year02$		
$TCZ \times Year03$	0.472 *** (0.124)	0.405 *** (0.129)
$TCZ \times Year04$	0.515 *** (0.123)	0.386 *** (0.128)
$TCZ \times Year05$	0.452 *** (0.123)	0.331 *** (0.128)

续表

变量	(1)	(2)
$TCZ \times Year06$	0.321 *** (0.123)	0.196 (0.128)
$TCZ \times Year07$	0.278 ** (0.123)	0.185 (0.128)
$TCZ \times Year08$	0.246 ** (0.123)	0.202 (0.128)
$TCZ \times Year09$	0.265 ** (0.124)	0.201 (0.129)
$TCZ \times Year10$	0.311 ** (0.123)	0.255 ** (0.128)
$TCZ \times Year11$	0.202 (0.124)	0.159 (0.128)
$TCZ \times Year12$	0.185 (0.123)	0.120 (0.128)
$TCZ \times Year13$	0.378 *** (0.123)	0.383 *** (0.128)
$TCZ \times Year14$	0.126 (0.123)	0.090 (0.128)
$TCZ \times Year15$	0.058 (0.123)	0.007 (0.128)
$TCZ \times Year16$		
$\ln gdp$		0.138 * (0.076)
$\ln fdi$		−0.010 (0.014)
常数项	2.108 (2.108)	0.342 (1.101)
地区固定效应	Y	Y

续表

变量	（1）	（2）
年份固定效应	Y	Y
观测值	4445	4212
R^2	0.187	0.226

注：括号内的数值为回归系数的异方差标准误；*、** 和 *** 分别表示 10%、5% 和 1% 的显著性水平。

资料来源：笔者利用 Stata 软件计算。

表 2 – 29 报告了"两控区"政策对经济的动态影响，第（1）列反映了实行"两控区"政策对产业结构的动态影响，第（2）~（4）列分别反映了实行"两控区"政策对第一、第二、第三产业的动态影响，结果显示从 2009 年开始，实行"两控区"政策的地区相对于其他地区产业结构发生了显著变化，第三产业相较第二产业有明显提升；第一产业比重自 2005 年起在 10% 的水平上有所提升，2009 年及以后第一产业比重在 1% 的水平上显著提升；第二产业比重自 1999 年起在 10% 的水平上有所降低，尤其在 2007 年及以后第二产业比重在 1% 的水平上显著下降。由此可得，"两控区"政策的实施在一定程度上阻碍了工业发展的步伐，使第二产业占 GDP 比重发生了明显下降。

表 2 – 29　　　　　　　　　"两控区"政策对经济的动态影响

变量	is	fir_ig	sec_ig	thi_ig
TCZ × Year98	0.037 (0.036)	– 0.153 (0.625)	– 0.793 (0.804)	0.947 (0.637)
TCZ × Year99	0.038 (0.036)	0.720 (0.618)	– 1.391 * (0.795)	0.666 (0.631)
TCZ × Year00	0.061 * (0.035)	0.105 (0.599)	– 1.577 ** (0.772)	1.567 ** (0.612)
TCZ × Year01	0.050 (0.033)	– 0.211 (0.570)	– 1.561 ** (0.734)	1.776 *** (0.582)
TCZ × Year02	0.048 (0.033)	– 0.046 (0.565)	– 1.651 ** (0.727)	1.700 *** (0.576)

续表

变量	*is*	*fir_ig*	*sec_ig*	*thi_ig*
$TCZ \times Year03$	0.063 * (0.032)	0.720 (0.555)	− 1.929 *** (0.715)	1.213 ** (0.567)
$TCZ \times Year04$	0.056 * (0.320)	0.263 (0.550)	− 1.337 * (0.708)	1.077 * (0.562)
$TCZ \times Year05$	− 0.049 (0.032)	0.963 * (0.552)	− 1.364 * (0.710)	0.406 (0.563)
$TCZ \times Year06$	0.036 (0.032)	0.993 * (0.550)	− 1.736 ** (0.708)	0.745 (0.561)
$TCZ \times Year07$	0.047 (0.032)	1.395 ** (0.549)	− 1.953 *** (0.707)	0.560 (0.561)
$TCZ \times Year08$	0.058 * (0.032)	1.465 ** (0.548)	− 2.329 *** (0.706)	0.865 (0.559)
$TCZ \times Year09$	0.100 *** (0.032)	1.477 *** (0.548)	− 3.263 *** (0.706)	1.788 *** (0.559)
$TCZ \times Year10$	0.116 *** (0.032)	1.732 *** (0.549)	− 3.660 *** (0.707)	1.930 *** (0.560)
$TCZ \times Year11$	0.142 *** (0.032)	1.866 *** (0.549)	− 4.069 *** (0.707)	2.205 *** (0.560)
$TCZ \times Year12$	0.161 *** (0.032)	1.877 *** (0.549)	− 4.530 *** (0.707)	2.663 *** (0.561)
$TCZ \times Year13$	0.162 *** (0.032)	2.058 *** (0.549)	− 4.593 *** (0.709)	2.483 *** (0.561)
$TCZ \times Year14$	0.141 *** (0.032)	2.031 *** (0.548)	− 4.275 *** (0.706)	2.247 *** (0.560)
$TCZ \times Year15$	0.120 *** (0.032)	2.142 *** (0.550)	− 3.905 *** (0.707)	1.811 *** (0.561)
$TCZ \times Year16$	0.128 *** (0.032)	2.498 *** (0.553)	− 4.293 *** (0.712)	1.798 *** (0.565)
lngdp	− 0.085 *** (0.011)	− 0.682 *** (0.196)	2.941 *** (0.252)	− 2.266 *** (0.200)

续表

变量	is	fir_ig	sec_ig	thi_ig
invr	− 0. 000 (0. 000)	0. 004 *** (0. 001)	0. 001 (0. 002)	− 0. 005 *** (0. 001)
xpopur	0. 000 (0. 001)	− 0. 124 *** (0. 017)	0. 086 *** (0. 021)	0. 037 ** (0. 017)
常数项	1. 967 *** (0. 155)	33. 047 *** (2. 665)	3. 854 (3. 431)	63. 201 *** (2. 720)
地区固定效应	Y	Y	Y	Y
年份固定效应	Y	Y	Y	Y
观测值	6009	5915	5915	5915
R^2	0. 094	0. 122	0. 072	0. 009

注：括号内的数值为回归系数的异方差标准误； * 、** 和 *** 分别表示 10% 、5% 和 1% 的显著性水平。

资料来源：笔者利用 Stata 软件计算。

表 2 - 30 报告了"两控区"政策对就业的动态影响，第（1）~（3）列分别反映了实行"两控区"政策对第一、第二、第三产业就业人员比重的动态影响，第（4）列反映了实行"两控区"政策对职工平均工资的动态影响，结果显示实行"两控区"政策的地区相对于其他地区第一产业就业人员比重显著上升；第二产业就业人员比重于 1998 年和 1999 年在 10% 的水平上显著降低，在 2005 ~ 2012 年期间显著上升，说明短期内"两控区"政策的实行使得第二产业就业人员明显减少，一段时间后，随着产业结构对"两控区"政策的适应性不断增强，第二产业就业人员在 2005 ~ 2012 年期间明显增加；第三产业就业人员比重在 1% 的水平上显著降低；职工平均工资在 2002 年后有了明显提升。由此表明，"两控区"政策实行初期，工业和服务业就业人员比重大幅度降低，经过一段时间的调整适应，工业就业人员自 2005 年起有了明显上升，直到 2013 年趋于稳定。同时，"两控区"政策的实行使得职工平均工资相对于其他地区明显上升了一个阶梯。

表 2 - 30　　　　　　　　　"两控区"政策对就业的动态影响

变量	fir_e	sec_e	thi_e	wage
TCZ × Year98	5.588 *** (1.224)	-2.165 * (1.196)	-3.438 *** (1.169)	0.393 (1.050)
TCZ × Year99	6.548 *** (1.209)	-1.999 * (1.181)	-4.599 *** (1.154)	0.188 (1.037)
TCZ × Year00	5.306 *** (1.162)	-0.313 (1.135)	-4.974 *** (1.109)	0.816 (0.997)
TCZ × Year01	4.108 *** (1.085)	0.350 (1.060)	-4.362 *** (1.036)	1.250 (0.931)
TCZ × Year02	3.566 *** (1.075)	0.448 (1.050)	-4.009 *** (1.026)	1.676 ** (0.922)
TCZ × Year03	2.568 ** (1.060)	1.529 (1.035)	-3.693 *** (1.012)	2.233 ** (0.909)
TCZ × Year04	2.651 ** (1.045)	1.874 * (1.021)	-4.546 *** (0.997)	2.301 ** (0.897)
TCZ × Year05	2.450 ** (1.048)	2.947 *** (1.021)	-5.458 *** (0.998)	2.489 *** (0.897)
TCZ × Year06	2.120 ** (1.045)	3.138 *** (1.021)	-5.286 *** (0.998)	3.556 *** (0.897)
TCZ × Year07	2.140 ** (1.040)	3.150 *** (1.016)	-5.316 *** (0.992)	3.072 *** (0.892)
TCZ × Year08	2.687 ** (1.037)	2.839 *** (1.013)	-5.561 *** (0.989)	3.036 *** (0.889)
TCZ × Year09	1.837 * (1.045)	3.257 *** (1.015)	-5.204 *** (0.992)	2.652 *** (0.902)
TCZ × Year10	2.563 ** (1.043)	3.222 *** (1.014)	-5.609 *** (0.991)	3.291 *** (0.890)
TCZ × Year11	2.606 ** (1.045)	2.713 *** (1.016)	-5.397 *** (0.992)	1.250 (0.892)
TCZ × Year12	2.917 *** (1.039)	2.548 ** (1.015)	-5.490 *** (0.991)	4.430 *** (0.891)

续表

变量	fir_e	sec_e	thi_e	wage
$TCZ \times Year13$	3.595 *** (1.040)	0.233 (1.010)	−3.862 *** (0.987)	4.494 *** (0.887)
$TCZ \times Year14$	3.392 *** (1.045)	0.375 (1.016)	−3.872 *** (0.993)	5.399 *** (0.893)
$TCZ \times Year15$	3.518 *** (1.049)	0.713 (1.019)	−4.315 *** (0.996)	5.306 *** (0.895)
$TCZ \times Year16$	3.700 *** (1.078)	0.747 (1.046)	−4.525 *** (1.022)	6.692 *** (0.919)
lngdp	−1.673 *** (0.397)	−0.089 (0.387)	1.814 *** (0.378)	2.799 *** (0.340)
lnfdi	0.411 *** (0.114)	−0.319 *** (0.111)	−0.071 (0.109)	0.118 (0.098)
lnhighs	−1.426 *** (0.274)	2.853 *** (0.267)	−1.514 *** (0.261)	−0.314 (0.234)
常数项	76.109 *** (5.772)	8.675 (5.629)	15.125 *** (5.500)	−31.924 *** (4.945))
地区固定效应	Y	Y	Y	Y
年份固定效应	Y	Y	Y	Y
观测值	5318	5349	5349	5340
R^2	0.680	0.167	0.301	0.850

注：括号内的数值为回归系数的异方差标准误；*、** 和 *** 分别表示 10%、5% 和 1% 的显著性水平。

资料来源：笔者利用 Stata 软件计算。

2. 以不同的测度方法对城市进行分组

本节实证部分以一线、二线、三线、四线、五线城市作为分组依据，即 grade = 1，2，3，4，5，比较了"两控区"政策前后处理组与对照组地区的环境、经济以及社会效应。现分别以全国主体功能区作为分类标准，即 main = 1，2，3，4。并根据新的分组结果，重新考察"两控区"政策前后处理组与对照组地区的经济和社会效应。构建模型如（2.21）所示：

$$Y_{it} = \alpha + \beta_{new} TCZ_i \times Post98_t + X'_{it}\gamma + \mu_i + \lambda_t + \varepsilon_{it} \qquad (2.21)$$

表2-31第（1）列是以实施"两控区"政策的地区为考察组、以全国其他地区为对照组的估计结果，与实证部分完全一致。第（2）~（5）列是以全国主体功能区作为分类标准，以优化开发区、重点开发区、限制开发区以及禁止开发区为总体，其中实施"两控区"政策的地区为考察组、其他地区为对照组的估计结果，从中发现，只有优化开发区的结果在1%的水平上显著为正，重点开发区、限制开发区以及禁止开发区的结果都不显著，由此表明，优化开发区对"两控区"政策的产业结构调整作用最明显，产业发展的重心应从第二产业向第三产业转变，而重点开发区、限制开发区以及禁止开发区的结果则没有太明显，甚至限制开发区第三产业的比重发生了下降，第二产业比重依然处于上升状态，并未能够完全阻挡原先的发展模式。

表2-31　　　　　　　　"两控区"政策对产业结构的作用

变量	总样本	优化开发区	重点开发区	限制开发区	禁止开发区
$TCZ \times Post98$	0.081 ** (0.032)	0.212 *** (0.070)	0.060 (0.047)	-0.057 (0.046)	0.229 (0.237)
$\ln gdp$	-0.088 *** (0.021)	0.042 (0.057)	-0.070 ** (0.030)	-0.185 *** (0.036)	-0.155 ** (0.065)
$invr$	-0.000 (0.000)	-0.000 (0.000)	-0.000 (0.000)	-0.000 (0.000)	0.000 (0.000)
$xpopur$	0.000 (0.002)	0.000 (0.004)	-0.002 (0.002)	-0.002 (0.003)	0.025 (0.027)
常数项	2.003 *** (0.297)	0.061 (0.870)	1.814 *** (0.405)	3.220 *** (0.011)	2.827 *** (0.075)
地区固定效应	Y	Y	Y	Y	Y
年份固定效应	Y	Y	Y	Y	Y
观测值	5914	1221	2888	1495	310
R^2	0.023	0.136	0.038	0.150	0.085

注：括号内的数值为回归系数的异方差标准误；*、** 和 *** 分别表示10%、5%和1%的显著性水平。

资料来源：笔者利用Stata软件计算。

表 2-32 第（1）列是以实施"两控区"政策的地区为考察组、以全国其他地区为对照组的估计结果，与实证部分完全一致。第（2）~（5）列是以全国主体功能区作为分类标准，以优化开发区、重点开发区、限制开发区以及禁止开发区为总体，其中实施"两控区"政策的地区为考察组、其他地区为对照组的估计结果，从中发现，优化开发区和重点开发区的结果在 1% 的水平上显著为正，限制开发区的结果在 5% 的水平上显著为负，禁止开发区的结果不显著，由此表明，"两控区"政策在优化开发区和重点开发区对第一产业发展影响最明显，使得农业迅猛发展，而限制开发区的农业发展则受到了明显阻碍。

表 2-32　　　　　　　　"两控区"政策对第一产业发展的作用

变量	总样本	优化开发区	重点开发区	限制开发区	禁止开发区
$TCZ \times Post98$	1.180 (0.883)	6.168*** (2.044)	3.949*** (1.062)	-3.707** (1.710)	-1.793 (2.592)
$\ln gdp$	-0.695 (0.519)	0.202 (0.726)	-0.902 (0.576)	0.487 (1.451)	-4.564*** (1.280)
$invr$	0.004** (0.002)	-0.002 (0.003)	0.003 (0.003)	0.011* (0.006)	0.002 (0.001)
$xpopur$	-0.125*** (0.038)	-0.249*** (0.076)	-0.042 (0.038)	-0.291*** (0.101)	-0.188 (0.132)
常数项	33.220*** (7.325)	19.911* (10.712)	35.123*** (7.935)	19.429 (19.992)	84.468*** (16.086)
地区固定效应	Y	Y	Y	Y	Y
年份固定效应	Y	Y	Y	Y	Y
观测值	5915	1222	2888	1495	310
R^2	0.123	0.023	0.106	0.182	0.047

注：括号内的数值为回归系数的异方差标准误；*、** 和 *** 分别表示 10%、5% 和 1% 的显著性水平。

资料来源：笔者利用 Stata 软件计算。

表 2 - 33 第（1）列是以实施"两控区"政策的地区为考察组、以全国其他地区为对照组的估计结果，与实证部分完全一致。第（2）～（5）列是以全国主体功能区作为分类标准，以优化开发区、重点开发区、限制开发区以及禁止开发区为总体，其中实施"两控区"政策的地区为考察组、其他地区为对照组的估计结果，从中发现，优化开发区和重点开发区的结果在 1% 的水平上显著为负，限制开发区和禁止开发区的结果不显著，由此表明，"两控区"政策在优化开发区和重点开发区对第二产业发展影响相当明显，使得工业发展受到严重影响，"两控区"政策在限制开发区和禁止开发区的作用则不明显。

表 2 - 33   "两控区"政策对第二产业发展的作用

变量	总样本	优化开发区	重点开发区	限制开发区	禁止开发区
$TCZ \times Post98$	- 2.683 *** (0.790)	- 7.459 *** (2.036)	- 3.718 *** (1.096)	2.486 (1.604)	- 1.489 (2.992)
$\ln gdp$	2.991 *** (0.591)	- 0.121 (1.114)	2.857 *** (0.828)	4.348 *** (1.217)	6.479 *** (1.869)
$invr$	0.001 (0.002)	0.004 (0.004)	0.002 (0.002)	- 0.005 (0.005)	- 0.003 (0.002)
$xpopur$	0.084 ** (0.043)	0.205 ** (0.087)	0.086 (0.056)	0.166 (0.101)	- 0.079 (0.224)
常数项	3.194 (8.174)	48.152 *** (16.679)	4.036 (11.312)	- 13.870 (16.447)	- 37.735 (22.995)
地区固定效应	Y	Y	Y	Y	Y
年份固定效应	Y	Y	Y	Y	Y
观测值	5915	1221	2889	1495	310
R^2	0.071	0.001	0.100	0.170	0.033

注：括号内的数值为回归系数的异方差标准误；*、** 和 *** 分别表示 10%、5% 和 1% 的显著性水平。

资料来源：笔者利用 Stata 软件计算。

表 2 - 34 第（1）列是以实施"两控区"政策的地区为考察组、以全国

其他地区为对照组的估计结果,与实证部分完全一致。第(2)~(5)列是以全国主体功能区作为分类标准,以优化开发区、重点开发区、限制开发区以及禁止开发区为总体,其中实施"两控区"政策的地区为考察组、其他地区为对照组的估计结果,从中发现,优化开发区、重点开发区、限制开发区和禁止开发区的结果都不显著,由此表明,"两控区"政策在各开发区对第三产业发展影响不明显。

表 2-34   "两控区"政策对第三产业发展的作用

变量	总样本	优化开发区	重点开发区	限制开发区	禁止开发区
$TCZ \times Post98$	1.510 ** (0.697)	1.286 (1.415)	-0.221 (0.953)	1.231 (1.133)	3.314 (2.888)
$\ln gdp$	-2.303 *** (0.467)	-0.096 (0.872)	-1.956 *** (0.713)	-4.837 *** (0.770)	-1.916 * (1.082)
$invr$	-0.005 ** (0.002)	-0.002 (0.003)	-0.005 (0.004)	-0.006 (0.005)	0.002 (0.002)
$xpopur$	0.040 (0.030)	0.043 (0.043)	-0.044 (0.040)	0.121 ** (0.054)	0.268 (0.199)
常数项	63.684 *** (6.481)	32.150 ** (12.966)	60.848 *** (9.746)	94.500 *** (10.461)	53.268 *** (13.905)
地区固定效应	Y	Y	Y	Y	Y
年份固定效应	Y	Y	Y	Y	Y
观测值	5915	1222	2888	1495	310
R^2	0.008	0.256	0.008	0.107	0.127

注:括号内的数值为回归系数的异方差标准误;*、** 和 *** 分别表示10%、5%和1%的显著性水平。

资料来源:笔者利用 Stata 软件计算。

表 2-35 第(1)列是以实施"两控区"政策的地区为考察组、以全国其他地区为对照组的估计结果,与实证部分完全一致。第(2)~(5)列是以全国主体功能区作为分类标准,以优化开发区、重点开发区、限制开发区以及禁止开发区为总体,其中实施"两控区"政策的地区为考察组、其他地区

为对照组的估计结果，从中发现，优化开发区的结果在 1% 的水平上显著为正，限制开发区的结果在 5% 的水平上显著为负，重点开发区和禁止开发区的结果不显著。由此表明，"两控区"政策使优化开发区的第一产业就业有所好转，使限制开发区的第一产业就业呈现下降趋势，在重点开发区和禁止开发区的作用则不明显。

表 2 – 35　　　　　　　　"两控区"政策对第一产业就业的影响

变量	总样本	优化开发区	重点开发区	限制开发区	禁止开发区
$TCZ \times Post98$	3.299 (2.322)	12.560 *** (3.644)	4.691 (2.847)	– 11.827 ** (5.102)	1.398 (10.633)
$\ln gdp$	– 1.705 (1.137)	2.895 (1.957)	– 1.976 * (1.126)	– 3.491 (2.622)	11.466 (7.061)
$\ln fdi$	0.420 (0.197)	– 1.267 ** (0.490)	0.677 ** (0.270)	0.791 *** (0.285)	– 0.872 (0.944)
$\ln highs$	– 1.394 ** (0.859)	1.320 (1.182)	– 1.267 (0.829)	– 3.285 (2.080)	– 3.866 (2.649)
常数项	76.211 *** (18.543)	– 2.406 (28.033)	77.498 *** (16.395)	113.647 ** (44.259)	– 61.365 (93.853)
地区固定效应	Y	Y	Y	Y	Y
年份固定效应	Y	Y	Y	Y	Y
观测值	5318	1158	2684	1325	151
R^2	0.678	0.568	0.729	0.620	0.581

注：括号内的数值为回归系数的异方差标准误；*、** 和 *** 分别表示 10%、5% 和 1% 的显著性水平。

资料来源：笔者利用 Stata 软件计算。

表 2 – 36 第（1）列是以实施"两控区"政策的地区为考察组、以全国其他地区为对照组的估计结果，与实证部分完全一致。第（2）~（5）列是以全国主体功能区作为分类标准，以优化开发区、重点开发区、限制开发区以及禁止开发区为总体，其中实施"两控区"政策的地区为考察组、其他地区为对照组的估计结果，从中发现，限制开发区的结果在 5% 的水平上显著为正，优化开发区、重点开发区和禁止开发区的结果都不显著。由此表明，

"两控区"政策使限制开发区的第二产业就业受到影响，第二产业就业有所上升，在优化开发区、重点开发区和禁止开发区的作用则不明显。

表2-36　　　　　"两控区"政策对第二产业就业的影响

变量	总样本	优化开发区	重点开发区	限制开发区	禁止开发区
$TCZ \times Post98$	1.424 (1.560)	-2.677 (2.844)	0.518 (1.931)	7.684 ** (3.403)	1.687 (3.562)
$lngdp$	-0.030 (0.952)	-3.015 * (1.602)	-0.248 (1.012)	1.102 (2.096)	-2.832 (2.886)
$lnfdi$	-0.333 (0.203)	1.967 ** (0.786)	-0.617 ** (0.282)	1.186 (0.311)	0.214 (0.467)
$lnhighs$	2.788 *** (0.878)	2.762 (1.788)	1.712 ** (0.859)	3.849 * (2.048)	5.412 *** (1.544)
常数项	8.492 (16.762)	35.437 (27.724)	20.612 (16.227)	-16.818 (38.141)	16.455 (40.136)
地区固定效应	Y	Y	Y	Y	Y
年份固定效应	Y	Y	Y	Y	Y
观测值	5349	1176	2687	1335	151
R^2	0.163	0.217	0.161	0.087	0.001

注：括号内的数值为回归系数的异方差标准误；＊、＊＊和＊＊＊分别表示10%、5%和1%的显著性水平。

资料来源：笔者利用Stata软件计算。

表2-37第（1）列是以实施"两控区"政策的地区为考察组、以全国其他地区为对照组的估计结果，与实证部分完全一致。第（2）~（5）列是以全国主体功能区作为分类标准，以优化开发区、重点开发区、限制开发区以及禁止开发区为总体，其中实施"两控区"政策的地区为考察组、其他地区为对照组的估计结果，从中发现，限制开发区的结果在5%的水平上显著为正，优化开发区、重点开发区和禁止开发区的结果都不显著。由此表明，"两控区"政策使限制开发区的第二产业就业受到影响，第二产业就业有所下降，在优化开发区、重点开发区和禁止开发区的作用则不明显。

表 2 - 37 "两控区"政策对第三产业就业的影响

变量	总样本	优化开发区	重点开发区	限制开发区	禁止开发区
$TCZ \times Post98$	-4.722 *** (1.596)	-9.844 ** (3.986)	-4.145 ** (2.025)	4.088 (3.391)	-3.071 (7.373)
$\ln gdp$	1.787 ** (0.771)	0.195 (1.628)	2.296 ** (1.105)	2.418 * (1.297)	-8.657 (5.707)
$\ln fdi$	-0.063 (0.195)	0.702 (0.804)	-0.032 (0.262)	-0.974 *** (0.261)	0.659 (0.630)
$\ln highs$	-1.475 ** (0.709)	-4.214 *** (1.437)	-0.472 (0.977)	-0.596 (0.664)	-1.555 (2.503)
常数项	15.123 (12.007)	67.074 ** (29.863)	0.949 (16.872)	3.048 (16.671)	145.289 * (79.468)
地区固定效应	Y	Y	Y	Y	Y
年份固定效应	Y	Y	Y	Y	Y
观测值	5349	1176	2687	1335	151
R^2	0.300	0.209	0.334	0.309	0.333

注：括号内的数值为回归系数的异方差标准误；*、** 和 *** 分别表示10%、5%和1%的显著性水平。

资料来源：笔者利用 Stata 软件计算。

表 2 - 38 第（1）列是以实施"两控区"政策的地区为考察组、以全国其他地区为对照组的估计结果，与实证部分完全一致。第（2）~（5）列是以全国主体功能区作为分类标准，以优化开发区、重点开发区、限制开发区以及禁止开发区为总体，其中实施"两控区"政策的地区为考察组、其他地区为对照组的估计结果，从中发现，优化开发区的结果在5%的水平上显著为正，重点开发区的结果在10%的水平上显著为正，限制开发区和禁止开发区的结果都不显著。由此表明，"两控区"政策使优化开发区和重点开发区的第三产业就业明显提高，在限制开发和禁止开发区的作用则不明显。

表 2 - 38   "两控区"政策对职工平均工资的影响

变量	总样本	优化开发区	重点开发区	限制开发区	禁止开发区
$TCZ \times Post98$	2.869 *** (0.644)	5.662 ** (2.161)	1.546 * (0.788)	0.955 (0.876)	2.375 (1.514)
$\ln gdp$	2.832 *** (0.512)	2.773 * (1.410)	2.420 *** (0.680)	1.623 ** (0.661)	2.738 (2.513)
$\ln fdi$	0.010 (0.131)	1.137 ** (0.488)	0.457 ** (0.182)	- 0.147 (0.140)	0.786 *** (0.228)
$\ln highs$	- 0.417 (0.528)	- 3.704 ** (1.684)	0.489 (0.549)	0.114 (0.579)	- 1.554 (1.281)
常数项	- 30.694 *** (6.995)	- 12.925 (21.488)	- 35.923 *** (9.393)	- 16.888 (11.357)	- 23.598 (37.479)
地区固定效应	Y	Y	Y	Y	Y
年份固定效应	Y	Y	Y	Y	Y
观测值	5340	1176	2683	1330	151
R^2	0.848	0.832	0.822	0.915	0.918

注：括号内的数值为回归系数的异方差标准误；* 、** 和 *** 分别表示 10% 、5% 和 1% 的显著性水平。

资料来源：笔者利用 Stata 软件计算。

五、研究结论

本节从环境政策效应评估的角度，对命令控制型工具效应进行了因果检验，分别以杭州 "G20 峰会" 和 "两控区" 政策为例，检验了小范围、短周期环境政策的环境效应和大范围、长周期环境政策在我国不同发达程度地区的环境效应、经济效应和社会效应。主要结论如下：

（1）小范围、短周期环境政策的环境效应突出，形成的为特殊会议召开而控制污染排放的政策不仅满足了空气质量要求，而且没有发生明显的反弹迹象。从杭州 "G20 峰会" 可以看出，小范围、短周期环境政策中的相对长期政策有效改善了空气质量，其效果明显好于相对短期政策，保障了 "G20 峰会" 期间空气的优良品质；相对长期政策创造的为特殊会议召开而控制污染排放的政策是稳定持续的，"G20 峰会"前后及之后长期内空气质量均未出现任何大的波动或反弹现象。

（2）大范围、长周期环境政策的环境效应同样显著为正，经济效应在发达城市最显著，社会效应在各线城市效果各异。由"两控区"政策的实行情况可以看出，实施"两控区"政策后，相比非"两控区"城市而言，二氧化硫的排放得到明显改善。发达城市的重心转向第三产业，就业数量和就业质量都得到明显改善。另外，我们通过对滞后效应检验发现，2010 年之后环境效应、经济效应和社会效应都没有发生任何反弹现象。

（3）命令控制型环境政策具有两面性。一方面，使环境有所改善；另一方面，使我国经济相对落后的地区一时难以成功转型，发展受挫。命令控制型环境政策在我国国情下具有强烈的执行力，使环境得以明显改善，并进一步促使我国经济发达地区迅速转型，使得经济和就业在第三产业得到更好的发展。与此同时，并未能阻挡我国经济相对落后地区的工业化步伐，就业人数不降反增，但工资水平却有一定程度的降低。

六、政策建议

本节的结论显示，命令控制型环境政策实施后，不论是小范围、短周期还是大范围、长周期环境政策，环境都有所改善。由此说明，命令控制型环境政策的作用是肯定的，但不能因此判定该政策就是绝对的好政策。命令控制型环境政策的实施，并未能阻挡我国经济相对落后地区的工业化步伐，使就业质量有一定程度的降低。由此本节提出以下政策建议：

（1）借"各种特殊会议"之东风，顺势推行积极有效的环境政策来治理环境。地方政府一方面迫于公众和中央政府对环境保护的压力，另一方面受到传统政绩的惯性影响，容易在"保蓝天"和"保经济"的跷跷板之间左右为难。在某项会议的特殊时期，地方政府往往会大力实施环境政策创造碧水蓝天，此时正是推行高效环境政策的最佳时机。依托环境政策的改革形成长期不间断的环境政策模式，同步优化经济发展结构转型与升级。我们已经清醒地认识到，雾霾的完全治理绝非短期内就可以全部实现的，必须加大治理力度，同时，为了保证跷跷板的平衡稳定，必须不断优化产业结构，从根本上让环境保护与经济增长双轨并行，使我国空气质量逐步走上常态化轨道。

（2）加强全国一体化发展，将环保督察从"制度化"上升为"法治化"。通过环境规制分地区执行的不同效果，国家应促进各地区的融合，采取相对公平的统一标准，在发展经济和保护环境的同时，不断强化教育，使强大的正能量在潜移默化中深入人心，为国家培养出真正有用的人才，提高人才竞争力，使我国成为稳定的创新型国家。"金山银山不如万水千山"，环境治理是一项长远之计，为了使中国从根本上解决环境污染问题，可以考虑将环保要求归为我国法律规章制度，从而达成长久的稳定，并不断更新完善。

（3）优化环境规制工具的选择。在中国特色社会主义的发展环境下，命令控制型环境政策具有一定的行政性，执行力相当强，使得环境发生明显改善，但在经济发展程度不同的地区所产生的经济和社会影响却大相径庭。应该适当借鉴西方发达国家的环境保护之路，尽可能根据中国本身的国情，特别是针对不同发达程度的地区，做出进一步完善，将"市场鼓励型"加入重点考虑，使我国的环境规制不断优化。命令控制型环境政策应淡化使用，或者说应慎重使用，不能推广。

第四节 命令控制型环境政策对空气污染控制与地区经济的影响

一、问题提出

中国一直以来就是一个负责任的大国，为了应对持续恶化的环境，从改革开放之初，中国就颁布了各种环境治理的法律和法规。中国政府积极参与全球环境治理和承担国际环境减排责任，得到了国际社会的广泛好评。目前中国主办了许多重要的国际性会议，例如，2008年奥运会、2014年的APEC会议，为了保障会议的顺利召开，确保蓝天白云，政府出台了许多促使短期空气质量改善的大气管控措施。2015 年 11 月 16 日，国家主席习近平出席土耳其"G20 峰会"并宣布中国于 2016 年 9 月 4～5 日在杭州市举办第十一届"G20 峰会"，为了确保"G20 峰会"期间空气质量达到预期标准，浙江省 11 个市出台了一系列环境治理政策，减少空气污染，确保"G20 蓝"。2016 年 4 月 13 日，浙江省环保厅对"G20 峰会"全省环境质量保障工作进行动员部署。

　　政府采用这种临时的、短期的环境命令控制型政策从而达到保护环境的手段已经趋于成熟，但是这种为了在某一地点、某一时期达到较高空气质量的治理手段是否真的能改善空气质量？长期严格的环境政策可以通过倒逼企业转型，提高产品的竞争力，但是这种暂时性的环境政策是否也有这种机制，那么它对经济的影响又是怎样的？这种会议本身是否有可能因提高地区影响力和声誉而对经济有促进作用？从长期的角度来看，是否具有可持续性？所以在中共十九大提倡人与自然和谐共生的情况下，研究此类问题具有重要的现实意义。

二、文献综述

　　什么类型的环境政策工具对控制大气污染较为有效，是个值得研究的问题。目前经济学家针对环境政策控制污染排放问题，越来越多地采用准自然实验的方法来进行研究，从而得出环境政策控制污染的效果如何。

　　奥夫哈默和凯洛格（Auffhammer and Kellogg, 2011）利用双重差分法和断点回归，研究发现美国汽油标准政策可以有效的降低挥发性有机物浓度和氮氧化物的浓度。约里夫吉等（Yorifuji et al, 2016）以东京 2003 年推出的柴油排放控制条例，构造准自然实验事实，采用间断时间序列分析，研究发现二氧化氮下降，东京 23 个病区 PM2.5 和死亡率下降幅度较大。阿尔默和温克勒（Almer and Winkler, 2017）利用国家层面的面板数据采用合成控制法，研究《京都议定书》排放目标下减少二氧化碳排放的有效性，得出具有约束性排放目标的国家很少有证据表明其减排效果。陈等（Chen et al, 2013）利用 2000～2009 年官方公布的空气污染指数（API）和气溶胶最佳厚度（AOD）数据发现，环境治理措施在奥运会期间和后期都使北京的空气污染指数有所下降，但 2009 年 10 月后其影响明显减弱，AOD 分析也证实了空气质量的改善是暂时的。这些结果表明,通过严格的政策干预能够实现真正的环境改善,但是这些干预措施的效果将持续多久,在很大程度上取决于干预政策的执行时间。李等(Li et al, 2017)根据"APEC 蓝"和"阅兵蓝"的环境命令控制政策进行准实验实证分析,得出短期内北京的空气质量有明显改善。张俊(2016)利用合成控制法评估 2008 年北京奥运会对北京地区的空气质量的影响,研究发现北京空气质量仅在短期内得到改善,在 2010 年后环境政策对北京空气的积极影响消失。曹静和王鑫(2014)利用断点回归方法得出限行政策对空气质量的影响甚微,并且估算出限行给驾车出行者带来的年成本约为北京人均 GDP 的 3%。

本节首先以"G20 蓝"这一政策冲击构造准自然实验,利用 38 个地区 2015 年 1 月 1 日至 2017 年 9 月 30 日的空气质量指数和构成空气质量指数的六项单项污染物浓度,运用双重差分法,分析短期命令型环境政策控制大气污染的长期性和有效性,利用日度数据去研究环境政策对空气污染的影响,在时间维度上更具有说服力,为环境政策制定提供了有力的政策依据;其次本节的另一项重要工作是利用合成控制法对杭州"G20 峰会"后的经济增长进行分析,将会议型环境政策对空气污染控制的有效性和对经济增长的影响结合起来考虑,这样更具有现实意义。

三、研究方法与数据来源

(一)双重差分法

为了检验"G20 峰会"期间的环境规制对地区空气质量的作用,可以采用一种较为简单的方法,通过比较"G20 峰会"前后杭州以及浙江的差异,以此来判断该项政策对环境的作用,如单差法,但是单差法得出的结论可能不准确。在"G20 峰会"前后,还有一些其他的因素也会影响地区环境,影响评价结果,但是单差法并不能将这种差异考虑在内,从而可能与政策的实际效应产生较大的偏差。因此,"G20 峰会"环境规制对地区环境的影响需要建立在更为科学的双重差分方法下进行评估,双重差分法适用于事件发生前所有个体都没有受到政策冲击，事件发生后仅有一组个体受到政策冲击，受到政策冲击的组称为处理组，没有受到政策冲击的组称为对照组。

为检验环境规制对地区环境控制的净效应，构建如下双重差分模型：

$$Y_{cd} = \beta_0 + \beta_1 X_{cd} + \lambda W_{cd} + \delta_c + \mu_d + \varepsilon_{cd} \tag{2.22}$$

其中，c 表示地区，d 表示时间，Y_{cd} 表示空气质量指数（AQI）以及可吸入颗粒物（PM10）、细颗粒物（PM2.5）、一氧化碳（CO）、二氧化氮（NO$_2$）、二氧化硫（SO$_2$）和臭氧（O$_3$）等单项污染物浓度；X_{cd} 表示"G20 峰会"型环境政策影响地区的前后的虚拟变量，以 2016 年 9 月 6 日为"G20 峰会"前后的时间节点；β_1 表示"G20 峰会"期间的环境规制对杭州和浙江各地市的空气质量的影响，如果环境政策改善了空气质量，那么 β_1 的系数应该显著为负。除此之外，本节还加入了气候控制变量 W_{cd}，气候控制变量主要包括最高气温、最低气温、是否降雪、是否降雨和风力的大小，用来控制天气变化对空气质量的影响；δ_c 代表地区个体固定效应，反映各地在短时间内不会发生变化；μ_d 表示时间固定效应，因为时间间隔比较短，这里引入休息日这个哑变量，当 d 为节假日或周六周日时，μ_d 为 1，否则为 0，ε_{cd} 为随机扰动项。

（二）数据来源

为做好峰会期间环境质量保障工作，进一步加强建设系统职责范围内的道路清扫扬尘治理、施工扬尘污染控制，提升城市形象，确保峰会期间无突发环境污染现象发生，依据《浙江省大气污染防治条例》《浙江省综合治水工作规定》《G20 峰会浙江省环境保障工作方案》等，浙江于 2016 年 5 月 11 日发布了关于《G20 峰会建设系统环境质量保障工作方案》通知。与此同时，政府借鉴了国内外举办大型活动时空气质量治理的经验，采取了合理而严格的大气污染物控制措施，协同周边城市，实现"G20 蓝"。会议治理区域分别以"G20 峰会"会馆为中心的 50 公里内、100 公里内和 300 公里内为半径划分核心区、严控区和管控区。因为这里涉及不同的县级以下的地方的划分，所以我们这里主要对比研究杭州和浙江其他 10 个市。会议保障阶段的时间划分为会议前的整顿阶段和会议时的保障阶段。会议前的整顿阶段是从 2016 年 5 月至 8 月。会议的保障阶段是从 2016 年 8 月 24 日至 9 月 6 日，会

议保障阶段要求全面实施各项措施，保障工作落实到位。我们这里主要研究
"G20 峰会"后的空气质量，即 2016 年 9 月 7 日起。根据上述的会议型环境
政策时间安排，我们定义下面的三类变量。

1. 被解释变量

有关于环境污染的被解释变量现有的研究使用率较高的是每日的 AQI 和
单项污染物浓度数据，日 AQI 数据根据各单项污染物浓度的指数数据标准化
计算而来，代表了各个城市每日的空气质量。根据 AQI 的计算方法，空气质
量指数取值范围为 0～500，当数值越大时，该地区空气质量越差。除此之
外，现在常用的空气质量标准根据 AQI 的区间将空气质量等级划分为六个等
级：0～50 为优、51～100 为良好、101～150 为轻度污染、151～200 为中度
污染、201～300 为重度污染和 301～500 为严重污染。本节采用生态环境部
提供的历史数据，包括每天 AQI，以及六项单项污染物浓度的日均值等。时
间跨度为 2015 年 1 月 1 日至 2017 年 9 月 30 日，其中，2015 年 6 月 1 日至
2017 年 9 月 30 日的数据进行政策效果评估，2015 年 1 月 1 日至 2016 年 8 月
31 日的数据用于反事实检验。

2. 解释变量

"G20 蓝"环境规制政策冲击虚拟变量，政策冲击地区在 2016 年 9 月 7
日之前赋值为 0，反之赋值为 1。

3. 其他控制变量

由于气象条件（例如温度、气压、降雨等）是影响空气质量指数的重要
因素，本节也控制了气象数据。气象数据主要由天气网提供的历史数据，天
气网缺失的数据则通过网页查询补充，主要包括最高的气温（*Hightest*）、最
低的气温（*Lowest*）、降雨（*Rain*）、降雪（*Snow*）、风力（*Wind*）变量，其
中，风力大小是利用风力的级别去定义的序数变量（见表 2-39）。国家法定
节假日和休息日（*Holiday*）主要作用是为了控制因假期因素与非假期因素的
不同而对空气质量造成的影响，数据来自国务院办公厅。另外，空气质量也会

受季节因素的影响，故加入 3 个季节哑变量，并根据气象划分法，规定 3~5 月这三个月是春季，6~8 月这三个月是夏季，9~11 月这三个月属于秋季。

表 2-39   环境变量描述性统计

变量	单位	样本量	均值	标准差	最小值	最大值
Hightest	摄氏度	32414	22.04	10.15	−20	41
Lowest	摄氏度	32414	14.01	10.27	−33	31
Rain	哑变量	32414	0.35	0.48	0	1
Snow	哑变量	32414	0.01	0.11	0	1
Wind	序数变量	32293	2.54	1.00	0	8
AQI	指数	32409	83.37	47.35	16	500
PM2.5	微克/立方米	32408	47.18	40.60	2	908
PM10	微克/立方米	32358	79.83	58.96	7	1388
SO_2	微克/立方米	32408	18.18	20.01	2	383
CO	微克/立方米	32408	0.96	0.52	0.128	10.4
NO_2	微克/立方米	32408	38.76	18.62	2	183
O_3	微克/立方米	32408	95.35	47.93	1	293

四、实证结果与反事实检验

为营造"G20 蓝"，浙江省出台了一系列的环境保护措施，这与除浙江省外的其他地级市表现出差异化的特征，为我们提供一个"准自然实验"，因此本节运用双重差分法来评估"G20 峰会"期间环境政策对地区环境的影响。由于浙江省各市的政策力度有所不同，故这里以杭州市和浙江省其他 10 个市为实验组结合分析，其他 27 个省会城市或经济发展比较好的市为对照组，探究"G20 峰会"期间的环境政策对"G20 峰会"后期的空气质量的影响。为了营造"G20 蓝"，浙江省 11 个市出台了一系列相应的政策，11 个市分别是杭州市、温州市、宁波市、湖州市、绍兴市、金华市、嘉兴市、衢州市、台州市、舟山市和丽水市，这 11 个市视为处理组。另外，选取 27 个副省级城市和省会城市作为对照组，又叫控制组，分别为北京、成都、大连、福州、广州、贵阳、哈尔滨、合肥、呼和浩特、济南、昆明、南昌、南京、青岛、厦门、上海、深圳、沈阳、石家庄、太原、天津、武汉、西安、长春、长沙、郑州和重庆 27 个市。

（一）"G20 峰会"期间环境规制对空气质量的影响

根据式（2.22），利用 2015 年 6 月 1 日至 2017 年 9 月 30 日数据，把杭州作为处理组，27 个市作为对照组，估计的结果见表 2 - 40。

表 2 - 40　　　　　　　　　杭州为处理组的回归结果

变量	AQI			
	（1）	（2）	（3）	（4）
$HZ \times X$	− 0. 191 (− 0. 12)	− 7. 798 *** (− 3. 48)	− 1. 628 (− 1. 01)	− 8. 505 *** (− 3. 87)
Hightest	2. 560 *** (23. 35)	2. 211 *** (16. 40)	3. 074 *** (27. 49)	2. 275 *** (16. 91)
Lowest	− 3. 462 *** (− 33. 03)	− 3. 140 *** (− 23. 52)	− 3. 374 *** (− 31. 87)	− 2. 149 *** (− 14. 58)
Rain	− 11. 543 *** (− 17. 92)	− 9. 052 *** (− 14. 48)	− 10. 379 *** (− 16. 08)	− 8. 408 *** (− 13. 55)
Snow	4. 998 (1. 27)	3. 552 (0. 92)	6. 732 * (1. 71)	5. 104 (1. 33)
Wind	− 3. 490 *** (− 9. 80)	− 1. 729 *** (− 5. 04)	− 2. 794 *** (− 7. 81)	− 1. 249 *** (− 3. 61)
地区效应	否	是	否	是
假日季节	否	否	是	是
常数项	90. 302 *** (53. 43)	96. 013 *** (41. 77)	92. 529 (51. 85)	100. 123 *** (42. 83)
样本数	23794	23794	23794	23794
R^2	0. 1104	0. 2339	0. 1271	0. 2558

注：①括号内为 t 值；*、**、*** 分别表示显著性水平为 10%，5% 和 1%。②所有回归均采用了异方差稳健标准误。

本节首先估计 "G20 蓝" 环境规制对杭州 "G20 峰会" 后的空气质量的直接影响，回归结果见表 2 - 40。在表 2 - 40 中，第（1）（3）列是没有加入地区效应时的估计结果，结果虽然显示杭州的空气质量存在改善，但是结果并不显著；第（2）（4）列是加入了地区效应时的估计结果，结果显示杭州的空气质量存在显著改善，本节重点关注的变量 $HZ \times X$ 显著为负。以第（4）列为基准，这里加入了地区和假日季节调整，杭州 "G20 峰会" 后的 AQI 较之前降低了约 8.505，表示为营造 "G20 蓝" 的一系列环境政策，对杭州 "G20 峰会" 后一年的空气质量有明显的改善作用。

另外，以浙江 11 个市（含 2 个副省级城市和 9 个地级市）作为处理组，27 个市作为对照组，结果见表 2 - 41。

表 2 - 41　　　　　　　　　浙江省 11 市为处理组的回归结果

变量	AQI			
	(1)	(2)	(3)	(4)
$ZJ \times X$	-11.294 *** (-19.84)	-7.896 *** (-11.98)	-12.511 *** (-21.64)	-8.468 *** (-12.84)
Hightest	2.617 *** (29.54)	2.436 *** (23.56)	3.002 *** (33.09)	2.488 *** (23.92)
Lowest	-3.426 *** (-39.35)	-3.225 *** (-31.32)	-3.268 *** (-36.46)	-2.289 *** (-19.93)
Rain	-11.864 *** (-23.19)	-9.671 *** (-19.68)	-10.912 *** (-21.18)	-9.052 *** (-18.47)
Snow	4.711 (1.33)	3.836 (1.11)	6.450 * (1.82)	5.478 (1.59)
Wind	-2.834 *** (-9.36)	-1.556 *** (-5.31)	-2.325 *** (-7.62)	-1.152 *** (-3.88)
地区效应	否	是	否	是
假日季节	否	否	是	是

续表

变量	AQI			
	（1）	（2）	（3）	（4）
常数项	86.454*** (60.77)	69.683*** (44.14)	87.939*** (58.84)	69.620*** (39.43)
样本数	32288	32288	32288	32288
R^2	0.1250	0.2457	0.1369	0.2528

注：括号内数值为回归系数的异方差标准误；*、**和***分别表示10%、5%和1%显著性水平。

为了营造"G20蓝"，浙江11个市都开展了一系列环保措施，但这里不考虑浙江各市间的政策力度差异，为我们提供了一个"准自然实验"。由表2-41可以发现，无论是否加入地区效应和假日季节调整，环境规制对浙江11个市的空气质量都有显著的改善作用。以表2-41第（4）列为基准，这里加入了地区和假日季节调整，浙江11个市"G20峰会"后的AQI较之前降低了约8.468，这与仅考虑杭州的空气质量改善的回归结果很接近。故可以得出结论，为召开大型的会议而实施的短期环境政策在一段时间内确实能改善空气质量。

（二）单项污染物实证结果

本节选择包含CO、SO_2、PM2.5、PM10、O_3和NO_2在内的六种常规监测的大气污染物浓度值以及空气质量指数（AQI）作为衡量大气污染的指标。为了进一步讨论"G20峰会"期间环境政策对单项污染物的影响，这里分别以单项污染物为被解释变量进行回归分析。相对于"G20峰会"前期CO、SO_2、PM2.5、PM10、O_3和NO_2的浓度值，在时间样本范围内"G20峰会"后六项指标均有显著变化。以杭州作为处理组，27个市作为对照组的回归结果见表2-42。

表 2 - 42   杭州为处理组的单项污染物回归结果

变量	(1)	(2)	(3)	(4)	(5)	(6)
	CO	SO_2	PM2.5	PM10	O_3	NO_2
$HZ \times X$	- 0.044 *** (- 2.66)	- 2.864 *** (- 5.25)	- 9.819 *** (- 5.99)	- 14.161 *** (- 6.06)	- 3.835 * (- 1.66)	- 3.421 *** (- 3.46)
样本数	23793	23793	23793	23743	23793	23793
R^2	0.3383	0.4838	0.2812	0.3240	0.5805	0.3882

注：①括号内数值为回归系数的异方差标准误；＊、＊＊和＊＊＊分别表示10%、5%和1%的显著性水平。②表中控制了气候变量、地区效应、假日和季节效应。

以浙江 11 个市作为处理组，27 个市作为对照组的回归结果见表 2 - 43。分析表 2 - 42 和表 2 - 43 的回归结果，可以发现：杭州和浙江 11 市的 PM2.5 和 PM10 的污染浓度下降的程度最显著，PM2.5 较 "G20 峰会" 前降低分别为 9.819 和 8.112，PM10 降低分别为 14.161 和 8.564，杭州比整个浙江的下降程度更大，其原因在于杭州作为政策冲击中心相对于整个浙江而言，其政策力度较大，SO_2、O_3 和 NO_2 的下降程度其次，CO 的下降程度最低。

表 2 - 43   浙江 11 个市为处理组的单项污染物回归结果

变量	(1)	(2)	(3)	(4)	(5)	(6)
	CO	SO_2	PM2.5	PM10	O_3	NO_2
$ZJ \times X$	- 0.078 *** (- 13.64)	- 3.725 *** (- 18.49)	- 8.112 *** (- 16.64)	- 8.564 *** (- 12.65)	- 2.728 *** (- 3.82)	- 4.113 *** (- 15.32)
样本数	32287	32287	32287	32237	32287	32287
R^2	0.3526	0.4702	0.2907	0.3483	0.5574	.4277

注：①括号内数值为回归系数的异方差标准误；＊、＊＊和＊＊＊分别表示10%、5%和1%的显著性水平。②表中控制了气候变量、地区效应、假日和季节效应。

以杭州 2015 年 6 月 1 日至 2017 年 8 月 31 日的数据为依据，在这 854 天中，主要污染物为 PM2.5 和 PM10 有 283 天，约占总天数的 33%。另外，根据中国工业经济的主要污染排放和空气污染的特征，影响 AQI 变化趋势的主要因素是 PM2.5 和 PM10。在此背景下，政府在控制空气质量时，会把降低 PM2.5 和 PM10 放在一个重要的位置。其次，包贞等（2010）指出 PM2.5 和 PM10 污染的主要来源是扬尘、机动车尾气、硝酸盐和煤烟尘等，通过研究政府的 "G20 峰会" 环境政策，发现政府在制定措施时也着重考虑到这几方面，并且降低 PM2.5 和 PM10 污染浓度也便于操作。

（三）"G20 峰会" 后的空气质量变化

根据上述回归结果，可以发现，"G20 峰会" 期间实施的环境政策对杭州和浙江的空气质量有显著改善，为了进一步研究 "G20 峰会" 期间环境政策对杭州和浙江的影响随时间的变化，这里以三个月为一个时间段引入 8 个哑变量，$before4$：2015 年 9 月 4 日～12 月 3 日；$before3$：2015 年 12 月 4 日～2016 年 3 月 3 日；$before2$：2016 年 3 月 4 日～6 月 3 日；$before1$：2016 年 6 月 4 日～9 月 3 日；$after1$：2016 年 9 月 4 日～12 月 3 日；$after2$：2016 年 12 月 4 日～2017 年 3 月 3 日；$after3$：2017 年 3 月 4 日～6 月 3 日；$after4$：2017 年 6 月 4 日～9 月 3 日。

从表 2－44 可知，$after1$ 阶段与 $before4$ 阶段是在一年中同一个时间段，其对比可以消除季节因素的影响，发现杭州平均 AQI 下降 11.57，浙江下降 12.73，对照组的变化很小；比较 $after2$ 阶段和 $before3$ 阶段，杭州平均 AQI 下降 15.91，浙江下降 9.7，但是对照组 AQI 却上升 8.02；比较 $after3$ 阶段与 $before2$ 阶段，杭州平均 AQI 上升 4.23，浙江上升 4.45，但是对照组 AQI 上升 3.03；比较 $after4$ 阶段与 $before1$ 阶段，杭州平均 AQI 下降 6.06，浙江下降 2.05，但是对照组 AQI 上升 5.28。由上述比较可以从侧面印证环境规制确实能改善空气质量，但是从长期来看，AQI 指标也会出现反弹现象，当距离政策冲击的时间点越久时，其政策影响的效果约小。虽然用不同年份的同一个阶段进行对比可以消除季节因素，但是这样的对比比较片面。

表 2 - 44 　　　　　　　　　　实验组和对照组平均 AQI

AQI	*HZ*	*ZJ*	对照组
*before*4	83.46	75.13	84.78
*before*3	108.42	87.37	105.60
*before*2	87.09	76.66	85.28
*before*1	83.82	70.29	73.52
*after*1	71.89	62.40	84.05
*after*2	92.51	77.67	113.62
*after*3	91.32	81.11	88.31
*after*4	77.76	68.61	78.80

杭州作为处理组进行分析时，表 2 - 45 中第（1）~（4）列表示在我们所研究的整个时间段里杭州"G20 峰会"前后 AQI 指数的变化趋势，以加入气候变量、地区效应和假日季节因素的第（4）列为基准，*before*1 阶段虽然处于"G20 峰会"环境的准备阶段，但是 AQI 指数并没有降低，而"G20 峰会"后 *after*1 阶段，空气质量显著改善，AQI 指数下降 16.252，但是随着时间距离政策点越远 *after*2 阶段下降 8.252，但是到 *after*3 阶段时，AQI 与政策效果已经呈正向关系，虽然结果不显著，但是也反映出这种为了在某一地点、某一时期达到较高空气质量的治理手段，从长期来看不具有持续性。表 2 - 45 第（5）~（7）列分别分析 *after*1、*after*2 和 *after*3 阶段的政策效果，杭州在"G20 峰会"环境政策实施的 6 个月后，政策对空气质量的影响已经不显著了。

表 2 - 45 　　　　　　　　"G20 峰会"后杭州空气质量变化趋势

变量	AQI						
	（1）	（2）	（3）	（4）	（5）	（6）	（7）
HZ × *before*3	18.069 (3.42)	12.080 ** (2.20)	17.213 *** (3.32)	12.353 ** (2.30)			
HZ × *before*2	7.243 ** (2.38)	1.108 (0.32)	7.447 ** (2.50)	2.721 (0.80)			

续表

变量	AQI						
	(1)	(2)	(3)	(4)	(5)	(6)	(7)
$HZ \times before1$	9. 828 *** (3. 25)	5. 146 (1. 47)	10. 735 *** (3. 54)	6. 311 * (1. 78)			
$HZ \times after1$	− 6. 222 *** (− 2. 62)	− 10. 618 *** (− 3. 64)	− 11. 634 *** (− 4. 46)	− 16. 285 *** (− 5. 17)	− 17. 952 *** (− 6. 12)		
$HZ \times after2$	− 4. 636 (− 1. 19)	− 8. 026 ** (− 1. 88)	− 5. 708 (− 1. 48)	− 8. 252 ** (− 1. 97)		− 9. 030 ** (− 2. 26)	
$HZ \times after3$	4. 157 (1. 32)	− 0. 579 (− 0. 16)	4. 165 (1. 36)	1. 022 (0. 29)			1. 2942 (0. 39)
气候变量	控制	控制	控制	控制	控制	控制	控制
地区效应	否	控制	否	控制	控制	控制	控制
假日季节	否	否	控制	控制	控制	控制	控制
样本数	23794	23794	23794	23794	23794	23794	23794
R^2	0. 1112	0. 2342	0. 1211	0. 2454	0. 2450	0. 2447	0. 2446

注：括号内数值为回归系数的异方差标准误；＊、＊＊和＊＊＊分别表示 10%、5% 和 1% 显著性水平。

以浙江 11 个市作为处理组分析时，其结果与单独研究杭州的结果基本吻合。从表 2 – 46 中第（4）列可以看出这种会议型环境政策对空气质量的影响存在边际效应递减的规律，距离政策冲击点的时间越近其影响效应越大，$after1$ 时环境规制对空气质量有明显改善，使空气质量指数下降 17.498，但是 6 个月后其影响效应已经不显著了。表 2 – 46 中第（7）列单独考虑政策实施后第 6~9 月的影响时，此时政策影响已经显著为正，但这并不能说明石庆玲等（2017）所说的政治性报复，大气中自身存在调节机制，能在一定程度上调节政策冲击。

表 2 - 46   "G20 峰会" 后浙江空气质量变化趋势

变量	AQI						
	(1)	(2)	(3)	(4)	(5)	(6)	(7)
$ZJ \times before3$	-0.681 (-0.47)	2.353 (1.61)	-0.896 (-0.62)	2.904 ** (2.00)			
$ZJ \times before2$	-2.324 *** (-2.67)	-0.079 (-0.08)	-1.959 ** (-2.17)	1.707 * (1.74)			
$ZJ \times before1$	-3.661 *** (-3.55)	-0.877 (-0.87)	-2.727 *** (-2.64)	0.392 (0.39)			
$ZJ \times after1$	-16.393 *** (-19.30)	-12.426 *** (-13.70)	-21.139 *** (-21.79)	-17.498 *** (-17.63)	-15.923 *** (-19.30)		
$ZJ \times after2$	-19.077 *** (-15.67)	-13.824 *** (-10.88)	-19.747 *** (-16.27)	-13.865 *** (-11.04)		-11.976 *** (-10.59)	
$ZJ \times after3$	-5.578 *** (-6.02)	-1.949 ** (-2.02)	-5.351 *** (-5.60)	-0.165 (-0.16)			2.633 *** (2.95)
气候变量	控制	控制	控制	控制	控制	控制	控制
地区效应	否	控制	否	控制	控制	控制	控制
假日季节	否	否	控制	控制	控制	控制	控制
样本数	32288	32288	32288	32288	32288	32288	32288
R^2	0.1267	0.2473	0.1341	0.2561	0.2537	0.2524	0.2509

注: 括号内数值为回归系数的异方差标准误; *、** 和 *** 分别表示 10%、5% 和 1% 显著性水平。

(四) 反事实检验

为了检验回归结果的稳健性, 利用 2015 年 1 月 1 日至 2016 年 8 月 31 日的日数据, 以 2015 年 9 月 7 日为新的虚拟政策冲击点, 做反事实检验。如果 "G20 峰会" 期间环境政策对空气质量仍然有显著改善, 则说明这段时间内的空气质量还受到其他政策或者因素的影响, 反之则说明空气质量的改善完全来自政策影响。表 2 - 47 是人为修改政策实施的时间的回归结果, 以第 (4) 列为基准, 当单独研究杭州时, "G20 峰会" 时间提前对空气质量的影响并不显著, 这说明杭州空气质量的改善来自 "G20 峰会" 期间的环境政策；但是当考虑浙江 11 个市的反事实检验时，"G20 峰会"时间提前对空气质量存在显著影响，这说明浙江 11 个市的空气质量的改善并不是完全来自"G20 峰会"期间的环境政策，另一方面可能由于浙江 11 个市的政策力度不同，导致对双重差分结果有影响。但是原政策影响的效果是 8.468，新的虚拟政策冲击点的影响效果为 4.625，这说明虽然存在其他随机性因素，但是总体上空气质量还是显著改善的。

表 2 - 47　　　　　　　　　人为设置"G20 峰会"会议时间回归结果

变量	AQI			
	（1）	（2）	（3）	（4）
$HZ \times X\_NEW$	7.669 *** (4.04)	5.883 *** (3.08)	1.716 (0.60)	-1.262 (-0.44)
$ZJ \times X\_NEW$	-4.659 *** (-7.68)	-6.258 *** (-9.92)	-2.060 *** (-2.64)	-4.625 *** (-5.68)
气候变量	控制	控制	控制	控制
地区效应	否	否	控制	控制
假日季节	否	控制	否	控制

注：括号内数值为回归系数的异方差标准误；*、** 和 *** 分别表示 10%、5% 和 1% 显著性水平。

五、进一步讨论："G20 峰会"对杭州经济影响

上述的研究主要是探讨命令控制型的环境政策对环境控制的效果，事实上，环境政策的实施往往会对经济产生影响，那么"G20 峰会"在杭州召开，对杭州的经济影响怎么样？这部分我们采用合成控制法进行研究。合成控制法是由阿巴迪和加德亚萨瓦尔（Abadie and Gardeazabal，2003）、阿巴迪等（Abadie et al，2010）提出的一种新方法，它的基本思想是：虽然对照组中的每个个体与处理组个体都不相同，通过对对照组个体附加权重，加权平均后可以构造一个合成的控制组。权重的选择使得合成控制组的行为与处理组政策干预之前的行为非常接近，从而期望事后处理组如果没有受到干预，

其行为仍然与合成控制组非常相似，即合成控制组事后的结果可以作为处理组个体的反事实结果，处理组和合成控制组事后结果的差异就是政策干预的影响。

（一）合成控制法理论

在 T 时间内有 $J+1$ 个地区，为了不失一般性，假设受到政策干预只有一个地区 1，其他 J 个地区作为潜在的控制组，同时还假定地区 1 在受到政策干预 T_0 后还一直持续受到政策干扰。Y_{it}^N 是指没有受到政策干预时候地区 i 在时间 T 时（$0<t<T$）的结果，Y_{it}^i 表示地区 i 在时间 t 时（$T_0<t<T$）受政策干扰时的结果，在政策干预 T_0 前有 $Y_{it}^N=Y_{it}^I$。

那么，地区 i 在时间 t 时的政策干预效果为：

$$\tau_{it}=Y_{it}^I-Y_{it}^N,\ (i=1,\ 2,\ \cdots,\ J+1;\ 0<t<T) \tag{2.23}$$

地区 i 在 t 期的研究指标的实际结果为：

$$Y_{it}=Y_{it}^I+(1-D_{it})Y_{it}^N=Y_{it}^N+\tau_{it}D_{it} \tag{2.24}$$

其中，个体 i 在 t 到政策干预时，$D_{it}=1$，其他取 0，即：

$$D_{it}=\begin{cases}1,\ & i=1,\ t>T_0\\0,\ & \text{其他}\end{cases}$$

为了估计政策效果，对于 $t>T_0$ 时：

$$\tau_{1t}=Y_{1t}^I-Y_{1t}^N=Y_{1t}-Y_{1t}^N \tag{2.25}$$

因为 Y_{1t}^I 是指地区 1 受到政策干预后的值，所以是可以观测到的，我们这里只需要估计地区 1 的 Y_{1t}^N，即 T_0 期后没有受到政策干预时的反事实结果。假设 Y_{1t}^N 可以用下列因子模型表示：

$$\tau Y_{1t}^N=\delta_t+\theta_t Z_i+\lambda_t\mu_i+\varepsilon_{it},\ (i=1,\ 2,\ \cdots,\ J+1;\ 0<t<T) \tag{2.26}$$

式（2.26）中，δ_t 是一个未知的公因子且对所有地区的影响是一致的，Z_i 是 $r\times1$ 维观测协变量向量，θ_t 是 $1\times r$ 维未知参数向量，λ_t 是 $1\times F$ 维的没有观测到公共因素的向量，μ_i 是 $F\times1$ 维未知因子载荷，误差项 ε_{it} 是没有观测的暂时冲击，对于任意地区 i 来说均值为 0。

$J\times1$ 维的权重向量 $W=(\omega_2,\ \cdots,\ \omega_{J+1})$（除了地区 1 的权重），满足

$\omega_j \geqslant 0$，$i = 2$，$\cdots$，$J+1$ 且 $\omega_2 + \cdots + \omega_{J+1} = 1$。向量 W 的每个特定值表示潜在的合成控制，即控制区域的特定加权平均值。权重 W 的合成控制模型为：

$$\sum_{j=2}^{J+1} \omega_j Y_{jt} = \delta_t + \theta_t \sum_{j=2}^{J+1} \omega_j Z_j + \lambda_t \sum_{j=2}^{J+1} \omega_j \mu_j + \sum_{j=2}^{J+1} \omega_j \varepsilon_{jt} \qquad (2.27)$$

假定存在 $W^* = (\omega_2^*, \cdots, \omega_{N+1}^*)$，使得：

$$\sum_{j=2}^{J+1} \omega_j^* Y_{j1} = Y_{11}$$

$$\sum_{j=2}^{J+1} \omega_j^* Y_{j2} = Y_{12}$$

$$\sum_{j=2}^{J+1} \omega_j^* Y_{jT_0} = Y_{1T_0}$$

$$\sum_{j=2}^{J+1} \omega_j^* Z_j = Z_1$$

阿巴迪等（Abadie et al，2010）证明了假如 $\sum_{n=1}^{T_0} \lambda_t' \lambda_t$ 是可逆的，那么：

$$Y_{1t}^N - \sum_{j=2}^{J+1} \omega_j^* Y_{jt} = \sum_{j=2}^{J+1} \omega_j^* \sum_{s=1}^{T_0} \lambda_t \left(\sum_{n=1}^{T_0} \lambda_n' \lambda_n \right)^{-1} \lambda_s' (\varepsilon_{js} - \varepsilon_{1s})$$

$$- \sum_{j=2}^{J+1} \omega_j^* (\varepsilon_{jt} - \varepsilon_{1t}) \qquad (2.28)$$

同时，可以证明当 $T_0 \to \infty$ 时，式（2.28）的值趋于 0，从而处理组个体 1 的 Y_{1t}^N 为：

$$Y_{1t}^N = \sum_{j=2}^{J+1} \omega_j^* Y_{jt} \qquad (2.29)$$

因此处理组地区 1 的政策效果可以表示为：

$$\tau_{1t} = Y_{1t} - \sum_{j=2}^{J+1} \omega_j^* Y_{jt}, \ (t = T_0 + 1, \cdots, T) \qquad (2.30)$$

综上所述，合成控制法理论的关键点在于找到满足上述假定的前提条件的权重，即：$W = (\omega_2, \cdots, \omega_{J+1})$ 满足 $\omega_j \geqslant 0$，$i = 2$，$\cdots$，$N+1$ 且 $\omega_2 + \cdots + \omega_{N+1} = 1$。令 X_1 是受到政策干预的地区干预前的事前特征 $k \times 1$ 维向量，它是由事前结果 $M \times 1$ 维向量和 $r \times 1$ 维观测协变量向量 Z_i 线性组合的结果，且 $k = M + r$。类似地，令 X_0 为控制组地事前特征，为 $k \times j$ 矩阵。选择合成控制权重 $W^* = (\omega_2^*, \cdots, \omega_{N+1}^*)'$ 使得 $\| X_1 - X_0 W \|$ 的距离最小：

$$\|X_1 - X_0 W\| = \sqrt{(X_1 - X_0 W)'V(X_1 - X_0 W)}$$

$$= \sqrt{\sum_{m=1}^{M} v_m (X_{1m} - X_{om}W)^2 \mid} \qquad (2.31)$$

式（2.31）中，V 是 $k \times k$ 的对称的正定矩阵，v_m 是 V 的对角元素而且是一个权重，反映了在处理组和控制组协变量差异中的相对重要性，X_{jm} 是个体 j 的第 m 个协变量。V 的选择很重要，合成控制 W^* 将依赖于 V 的选择，不同的 V 将得到不同的合成控制组 W^*。

（二）合成控制法实证

我们采用合成控制法研究环境政策对经济的影响，由于经济数据的频率没有大气污染数据高，所以这里选取 2014 年第一季度到 2018 年第一季度 17 个时间节点、26 个地区的数据作为研究对象，2014 年第一季度为 1，以此类推。利用各地区的季度生产总值作为地区经济的衡量指标，选择季度社会消费品零售总额、固定资产投资、进出口总额、地方财政收入、本外币贷款余额和本外币存款余额当季值 6 个指标作为控制变量，数据来自各地区统计局网站，除杭州外，对照组是 25 个经济发展较好的地区，分别是乌鲁木齐、兰州、南京、南宁、南昌、合肥、呼和浩特、哈尔滨、太原、广州、成都、昆明、武汉、沈阳、济南、海口、石家庄、福州、西宁、西安、贵阳、郑州、银川、长春和长沙。

图 2 - 6 表示的是杭州的地区生产总值趋势和对照组地区生产总值的平均波动趋势，可以看出，两组在事前变动趋势并不是完全相同的，因此对照组并不是杭州最好的反事实估计，所以下面利用合成控制法构造合成控制组，运用阿巴迪等（Abadie et al，2010）设计的 Stata 的软件包 Synth 程序，估计 "G20 峰会" 期间的环境规制对杭州的生产总值的政策效果，这里的程序设计中加入 nested 选项，表示程序会在所有对角正定矩阵中进行搜索寻找拟合最优的权重向量。得到合成杭州的对照组权重，其中有 4 个地区进入合成控制组，事前杭州的地区生产总值可以用 0.214 个南京、0.265 个广州、0.137 个贵阳和 0.385 个郑州合成。

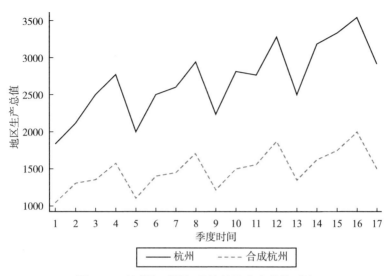

图 2 - 6 杭州和对照组平均地区生产总值对比

图 2 - 7 是 2014 年第一季度至 2018 年第一季度杭州地区生产总值以及合成的地区生产总值的变化走势，垂直虚线表示"G20 峰会"举办的时间，即 2016 年第四季度（图中横坐标刻度 12）。根据拟合的结果不难看出季度数据拟合的效果并不是很好，杭州和合成杭州的差值在 0 上下波动。但是在 2016 年第三季度时（图中横坐标刻度 11），杭州的实际地区生产总值低于合成的地区生产总值，其主要原因在于这段时间是"G20 峰会"空气质量的准备阶段，例如，要求未达标的企业停产等措施，这些政策手段致使杭州的生产总值低于合成的生产总值，使图 2 - 7 的趋势更符合实际情况，并且更具有说服力。在 2016 年第三季度后，杭州的实际地区生产总值略微高于合成的地区生产总值，说明这种会议对地区生产总值具有正向的促进作用。

（三）稳健性检验

为了检验估计的政策效果是否有效，随机从 25 个对照组中抽取一个地区作为伪实验组，利用类似的合成控制法进行政策效果评价。对于伪实验组，它实际上并没有受到政策干扰，如果估计的结果发现其也有较大的政策效应，则说明前面的分析可能存在着不足，因为没有受到政策影响的地区作为伪实

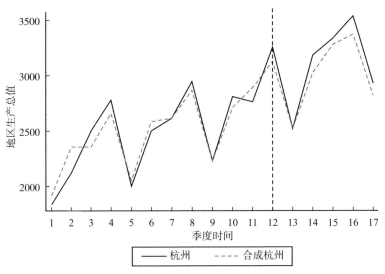

图 2 - 7　杭州和合成杭州的地区生产总值的比较

验组也出现类似于杭州的政策效果，从而说明这一效应可能不完全是政策干预的影响。

　　从图 2 - 8 不难看出，将 25 个对照组分别作为实验组可，以得到 25 条浅色的线，将其与代表杭州的粗线比较可以发现上文的政策效果并不显著，粗线的位置在整体线条中并不处于极端位置，粗线的上方依然有很多浅线。一方面原因在于季度数据波动幅度太大，不利于拟合；另一方面可能是由于其他因素造成的。"G20 峰会"自身对经济带来的红利影响和"G20 峰会"期间的环境政策对杭州经济的影响没有办法剥离开，但是"G20 峰会"自身对经济的影响不会很快体现出来，虽然不能得出环境政策对经济有正向的影响，但是也没有结论得出会议型命令控制环境政策会导致经济下降。为了进一步说明，这里利用前文的双重差分法评估经济的政策效果，进一步佐证，结果见表 2 - 48。以表 2 - 48 第（4）列为依据可以发现，当回归控制地区和时间效应时，"G20 峰会"的政策效应对经济具有积极的政策效果，虽然结果并不显著，但是我们有理由说明这种短期的环境规制并不会对经济造成严重的负面影响。

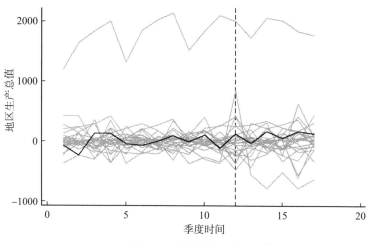

图 2 - 8　随机置换检验

表 2 - 48　　　　　　　　　　　经济效应双重差分结果

项目	(1)	(2)	(3)	(4)
y_effect	- 44.517 (- 0.41)	- 85.513 (- 0.80)	175.694 (- 1.82)	152.21 (- 1.64)
控制变量	是	是	是	是
地区效应	否	否	是	是
时间效应	否	是	否	是

注：括号内数值为回归系数的异方差标准误。

由于前面研究的是季度数据，波动性很大，拟合效果很难改善，这里可以换年度数据，考察"G20峰会"对浙江和杭州的经济影响，以2016年为政策冲击点进行讨论。但是由于本节研究时间距离"G20峰会"比较近，所以事后数据有限（仅一年），数据难以收集，这里没有深入研究。

六、结论和启示

环境保护的重要性和经济增长的持续性一直是经济学界关注的话题，中共十九大报告中指出，生态环境保护任重道远，要持续实施大气污染防治行动，打赢蓝天保卫战；同时更加关注经济的持续健康高质量增长。近些年来，中国举办了一系列重要的大型会议活动，为了保证短期较好的空气质量，实施了严格的大气管控。但是会议型命令控制环境政策是否真的能改善空气质量？环境政策实施的同时对地方经济是否产生影响？这些构成了本节的主要研究内容。

（1）利用中国 38 个地区 2015 年 1 月 1 日至 2017 年 9 月 30 日度空气质量指数和六项单项污染物浓度数据进行实证分析，研究发现：第一，政府为了在某一地点、某一时期达到较高空气质量的治理手段在一段时间内确实能改善空气质量，杭州和浙江在"G20 峰会"后的 AQI 较之前降低了 8.5 左右。第二，单项污染物中 PM2.5 和 PM10 的污染浓度下降的程度最显著，SO_2、O_3 和 NO_2 的下降程度其次，CO 的下降程度最低。第三，进一步研究"G20 峰会"期间环境政策对杭州和浙江的影响随时间变化，发现在一段时间后 AQI 存在边际效率递减的规律，当距离政策冲击的时间点越久时，其政策影响的效果就越小，并且不具有可持续性，最后甚至出现政策影响效果为正的情况。

（2）利用 2014 年第一季度到 2018 年第一季度 17 个时间节点、26 个地区的数据，运用合成控制法研究"G20 峰会"期间的环境政策对杭州经济增长的效应。研究表明：从会议型环境规制和会议本身对经济增长的影响来说，没有证据表明其对经济增长有负向的影响。

考察环境政策控制污染治理效应，特别是大气污染治理效应，不仅有利于评估我国环境规制过程中政策制定的科学性和决策执行效率，而且能及时反馈环境规制中存在的问题，从而有的放矢地推进大气污染治理工作。但是必须明确一点，环境治理不是一个短期内就能实现的过程，它并不是一蹴而就的。政府在制定环境政策时，需要从长远的角度去制订方案，而不能只为了短期的利益考虑，重要的是政策工具的设置应该向市场型转换，不能一味依赖命令控制这种工具，让市场解决环境污染问题。

第三章

中国碳排放交易政策的效果评估

第一节　中国碳排放交易政策现状

　　自工业革命以来，全球气候变暖问题导致的一系列环境恶化、粮食减产、海平面上升等环境问题不断困扰着各个国家，联合国政府间气候变化委员会（IPCC）在 2007 年颁布的第四次评估报告（AR4）中指出，人类生产活动所依赖的化石能源燃烧产生的排放，是造成全球气候变暖的主要原因，其中二氧化碳排放首当其冲，也是各国主要的减排对象。为遏制全球气候问题的恶化，各国在 1992 年共同签署了《联合国气候变化框架公约》，这也是之后全球范围内各国合作的前提和基础。此后，在 1997 年根据公约的第三次缔约方大会颁布的《京都议定书》中，要求附件一国家在第一个承诺期（2008~2012 年）内完成本国在1990年碳排放基础上减排5%的任务。2008年，在联合国气候大会的第十四次缔约方大会（COP－14）中通过了《巴厘岛路线图》，根据原有布置的减排任务框架，为各成员国制定了新一轮的环境保护任务。次年12月，在哥本哈根会议中各国政府达成《哥本哈根协议》，其中我国提出单位GDP碳排放强度减少40%～50%的目标。2015年巴黎气候变化峰会中，我国也做出承诺：二氧化碳排放量将在2030年达到峰值，到2030年单位GDP二氧化碳排放量相比2005年下降60%～65%。[①]

中国作为一个发展中国家，秉持大国应有的气度为保护环境节能减排事业做出了巨大贡献。中共十九大报告指出，建设生态文明、实行绿色发展方式，推动形成人与自然和谐发展的现代化建设新格局是我国决胜全面建成小康社会的重要内容。控制温室气体排放是在环境领域践行中国特色社会主义"十四条"基本方略的主要抓手之一。回顾七个碳排放权交易试点城市：为了更好更快的平稳过渡到我国履行温室气体的世界范围内减排计划时期，尽快调整我国能源结构加快节能创新的发展进程，2011年国家发改委公布《关于开展碳排放权交易试点工作的通知》，正式批准北京、天津、上海、广东、深圳、湖北、重庆等七省市开始第一阶段的碳排放交易市场建立工作，通过试点为日后全面推广打下基础。

对于建立碳排放权交易这项环境政策，政策表现如何？是否能达到减排任务的要求？影响该政策效果的重要变量有哪些？政策的续航能力是否可行？如何改变政策的不足或改正存在的问题？将是本章研究的核心内容，本章将采用双重差分模型对该政策效果进行多期分析，并根据相关文献资料总结碳排放交易市场的制度和机制。

第二节　文献综述

对于碳排放交易理论的提出，首先由英国著名经济学大师马歇尔创造出外

---

① 周锐. 解读中国2030低碳承诺［EB/OL］. http：//www.gov.cn/zhengce/2015－07/01/content_2887645.htm，2015－07－01.

部性的概念，后在《福利经济学》中与庇古共同完善。科斯（Coase，1960）提出著名的科斯定理，由于排放企业造成的环境污染让全社会为之承担，而排放企业并没有付出相关的经济费用，故此需要政府来调控，利用市场的调节机制就显得尤为重要，维特内本（Wittneben，2009）寻求税率的调整机制来达到控制企业排放的效果，不仅将企业排放量考虑在内，还通过企业排放意愿为其衡量定制适宜的碳税政策。安格（Anger，2008）、斯塔文斯（Stavins，2010）研究得出理想的环境治理政策应该是建立大型的碳贸易体系。卡帕罗等（Caparrós et al，2013）的研究同样表明碳排放权交易制度下，欧盟成员国的企业及个人不仅降低了排放量，也产生了相应的技术激励效应和经济福利。

碳排放交易体系逐渐成为学者们的关注点。罗伯特等（Robert et al，1999）开始对碳排放权交易体系中的覆盖范围、时间柔性、配额的储存借用等方面进行研究。施莱奇（Schleich，2009）等人对 27 个欧盟成员国在欧盟碳排放交易机制第二阶段（2008~2012 年）的国家分配计划进行研究后得出，能源和工业部门提高碳的能源效率的成本效应将强于第一阶段（2005~2007 年），这使得欧盟碳交易市场可以更多地激发减排潜力。文曼（Venmans，2012）根据欧盟碳排放交易第一阶段结束后的实证研究发现，尽管碳排放在第一阶段的配额较多，甚至存在一些风险行业不可预测的碳泄漏，但是欧盟碳排放交易体制仍被看作是积极可行的。在对国外先进的碳排放贸易体系研究的同时，国内也在不断完善改进碳交易机制。张彩平等（2019）发现对于碳市场的开发管理由传统的发电行业扩展至化工、钢铁、石化等其他高排放企业，未来将通过支付宝等个人金融 APP 参与碳排放市场。刘小川（2009）提出我国应当在实现碳减排任务的前期建立和规范好碳交易市场，并在中后期通过完善税收制度达到减排目标。王谦（2019）都在文献分析中探讨了欧盟的碳排放交易体系对我国的影响和值得学习的地方。李雅琦（2018）根据美国和欧盟碳排放交易体系成功经验，得出我国碳排放交易存在以下问题：法律体系不够完善；交易关键信息公开共享程度较低；市场交易的积极性不够高；交易市场的监管机制仍然薄弱。

而对于碳排放交易的具体政策效果，也有相当一部分学者通过实证来检验。马丁等（Martin et al，2016）证明欧盟碳排放交易的第一和第二阶段对于欧盟各行业部门的排放有抑制作用，并且提升了行业利润率。汪鹏等（2014）研究得出该政策有利于降低各企业的减排成本并释放GDP增长潜力，进而促进广东省节能减排。李广明（2017）探究出碳排放交易增加了技术效率进而产生了减排效应。部分研究结果显示，碳排放交易政策并非如我们想的能够起到节能减排、促进经济发展的效用。张伟伟等（2014）选取11个国家组成面板数据，证明碳市场的建立有利于在国家层面降低碳排放量，但是对人均排放量的减排效果并不显著。刘海英等（2017）模拟得到碳排放权交易确实降低了全国的碳排放量，但是对于省级排放个体并没有显著降低碳排放强度，部分高能耗的工业大省碳排放指标仍保持上升。曾悦等（2017）发现在单一的环境政策下碳税和碳交易政策减排效果相当，但企业违约率较高时应提高碳排放交易政策的混合比例。范丹等（2017）表明碳排放交易政策推动了试点城市的技术进步，从而降低碳排放量。而以环境规制强度为被解释变量时，环境规制强度对各省份工业全要素生产率及技术进步率有显著的负效应，即没有很好的实现强波特效应。杨博文（2019）发现降低碳排放效果显著，但对广东省经济发展并没有起到提升作用。

综上国内外文献可以看出，国外的文献大多围绕着碳税政策来展开，国内关于碳排放交易政策效果的实证研究比较杂乱，并且，研究主要围绕着检验政策是否产生波特效应以及是否促进了经济的发展，而关于碳排放交易政策对碳排放量的真实减排效果却少有实证分析。故此，本章根据研究现状，运用双重差分模型，选取2005~2016年各省数据组成面板数据，探究在2011年国家公布碳排放交易计划后，该政策是否对各省市的碳排放起到抑制作用，并就建立完善的碳排放交易市场机制给予一定的政策建议。

第三节　模型构建和数据来源

一、研究方法

双重差分法的一般式为：

$$y_{it} = \beta_0 + \beta_1 D_{it} + \beta_2 T_{it} + \beta_3 (D_{it} \times T_{it}) + \varepsilon_{it} \quad (3.1)$$

其中，i 和 t 表示第 i 个地区的 t 年份，β_0 是截距项。D_{it} 为实验组的哑变量，即当 i 代表试点城市，$D_{it}=1$ 表明是实验组的，反之为对照组。T_{it} 是时间哑变量，当 $t \geq 2011$ 时，$T_{it}=1$ 表示是政策运行的年份，反之为 0。$D_{it} \times T_{it}$ 代表政策实施的哑变量，在试点城市 2011 年及以后的年份，$D_{it} \times T_{it}=1$，其他情形下为 0，ε_{it} 为随机干扰项。由双重差分估计系数 β_3 同时反映个体和时间固定效应，具体如下式：

$$\beta_3 = E(C_{it} \mid D_{it}=1, \ T_{it}=1) - E(C_{it} \mid D_{it}=0, \ T_{it}=1)$$
$$- [E(C_{it} \mid D_{it}=1, \ T_{it}=0) - E(C_{it} \mid D_{it}=0, \ T_{it}=0)] \quad (3.2)$$

对于对照组的政策前后 y 取值变化如下：

$$y = \begin{cases} \beta_0, & \text{当 } T_{it}=0 \text{ 政策前} \\ \beta_0 + \beta_2, & \text{当 } T_{it}=1 \text{ 政策后} \end{cases} \quad (3.3)$$

对于实验组，政策前后 y 取值变化如下：

$$y = \begin{cases} \beta_0 + \beta_1, & \text{当 } T_{it}=0 \text{ 政策前} \\ \beta_0 + \beta_1 + \beta_2 + \beta_3, & \text{当 } T_{it}=1 \text{ 政策后} \end{cases} \quad (3.4)$$

政策实施后可以看见，被解释变量的发生增加了 $\beta_2 + \beta_3$，其中 β_3 为净影响效应，当政策起到积极影响时系数显著为正，反之显著为负。利用双重差分法分析后，可以直观地看见政策实施后的整体影响效应。

二、双重差分模型的构建

本章通过两组的对比参照，分析出加入多个控制变量下政策对碳排放的净影响和多期动态影响：

$$EC_{it} = \beta_0 + \beta_1 G_i \times D_t + \sum \beta_j Control_i + \gamma_i + \lambda_t + \varepsilon_{it} \quad (3.5)$$

模型中的变量含义同上，$Control$ 为选取的控制变量，γ_i 为城市个体固定效应，λ_i 为时间固定效应。

为了分析政策效果的动态效应，建立如下模型：

$$EC_{it} = \beta_0 + \beta_k G_i \times D_t^k + \sum \beta_j Control_i + \gamma_i + \lambda_t + \varepsilon_{it} \quad (3.6)$$

这里 $G_i \times D_t^k$ 代表政策实施第 k 年的哑变量，如本章中 2011 年是碳排放权交易政策起始年份，对于 2013 年某试点城市，$k = 2$，$G_i \times D_t^k = 1$，其交互项的系数即双重差分估计量为 β_2，表示第 k 年该试点城市的政策实施对于降低碳排放效果的净影响。

三、数据来源

考虑到数据的完整性和参考价值以及研究的可行性，本章选取的样本为 2005～2016 年我国 30 个省、自治区以及直辖市的各项数据（不含我国西藏以及香港、澳门、台湾地区数据），选取的城市均为试点城市。数据摘选于《中国统计年鉴》《中国能源统计年鉴》及各省份的统计年鉴，变量选取与数据计算如下：

1. 被解释变量

被解释变量为二氧化碳排放量 CE：由于二氧化碳排放量未被收录进统计年鉴当中，因此运用计算方法取二氧化碳排放量的估算值，取亿吨为单位。

2. 控制变量

（1）经济水平（GDP），用人均 GDP 衡量，单位为万元/人。

（2）人口规模（POP），单位为亿人。

（3）能源强度（EI），能源消费总量比上 GDP 得到的数值，单位为吨标准煤/万元。

（4）能源结构（ES），由于我国的煤炭在能源结构中占较大的部分，这里选择煤炭消耗量与能源消费总量的比值作为结构性指标，单位为%。

（5）产业结构（$STRU$），我国第二产业一直占比较高，所以第二产业的生产值占比更适合作为衡量结构指标，取单位为%。

（6）城市化水平（UR），选自《中国统计年鉴》中的分地区年末城镇人口比重，单位是%。

（7）环境规制强度（ER），选择各省份工业污染治理完成投资额与该地区工业增加值的比值，单位为%。

对以上指标进行描述性统计，具体见表3-1。

表3-1   二氧化碳排放量及相关变量的描述性统计

变量名称	样本量	均值	标准差	最小值	最大值
碳排放量（亿吨）	360	3.159712	2.194376	0.172735	10.94228
perCO$_2$（吨/人）	360	7.945992	5.160773	0.4731321	29.51606
人均GDP（万元/人）	360	3.649168	2.258502	0.530579	11.81276
人口规模（亿人）	360	0.445695	0.273063	0.0543	1.7424
能源强度（吨标准煤/万元）	360	1.08619	0.602749	0.271209	4.184162
能源结构（%）	360	0.68304	0.269705	0.086969	1.438763
产业结构（%）	360	0.470959	0.079981	0.193	0.615
城市化水平（%）	360	0.5236944	0.1409873	0.205	0.896
环境规制强度（%）	360	0.4217547	0.344603	0.0359028	2.803889

由表3-1得出，2005~2016年碳排放总量均值高达3.159712亿吨，各省份标准差较大，碳排放量的极差高达10.77亿吨，最大值约是最小值的63倍。中国产业结构一直较为稳定，表明产业结构可能对碳排放量的影响效果并不明显。在能源方面，能源结构和能源强度在不同地域间都表现出相当大的差距，说明各省份发展所用的能源特色不尽相同，也直接决定了碳排放量的差异。

第四节 实证分析

一、双重差分模型的假设检验

采用双重差分法，首先要考虑平行趋势假设，在对政策效果进行分析前，要先确认对照组与实验组之间是否在关键变量上有相同趋势。另外要确保在选取试点城市上具有随机性。由于参考某些关键变量在做出选择时，实验组的构建会失真，破坏了模型分析的有效性。故对以下两个假设做假设检验。

（一）假设一

在碳排放交易试点政策正式公布前（2011年），这里并没有以2013年作为正式启动碳排放交易市场为政策执行时间点，是因为在公布计划时各地已经对碳排放行为进行控制，而企业也有意识的调整产业结构和能源结构，已经直接影响了试点地区的碳排放量。在2011年之前，假设组成面板数据的各省份的碳排放量有相似的变化趋势，后期相关变量值的改变才可以证明是政策给予的影响。事实上通过观察2005～2016年的碳排放量变化趋势，实验组中的6个试点省份：北京、天津、上海、湖北、重庆、广东，剩下24个非试点省份组成对照组，观察两组数据变化，在2011年前两组碳排放均值水平都呈现逐步上升的变化趋势，并且观察发现非试点城市和全国的均值变化较为相似，可以判断在2011年变化趋势相似，而从2012年开始试点城市首次出现下降态势，非试点城市组仍然呈现逐渐上升趋势，直到2014年才第一次有下降，那么可以直观得出在试点城市的政策开始执行前，实验组和对照组拥有相同趋势，即满足平行趋势假设。

（二）假设二

试点省份的选取要求是保证随机性，但是关于选取试点城市的标准中没有给出试点省份选取原则，只能从低碳试点指标考虑选取的试点要适合推广碳交易市场工作。需要检验试点省份的随机性，以保证选取时不参考任何一个有关碳排放的因素。如果根据碳排放量的高低作为选取试点城的参考因素，那对于对照组和实验组的政策效果探究将失去意义，在分析时也会存在大量内生性问题。

下面对假设进行检验，采用Logistic模型对试点城市选取因素分别进行回归测度。这里以采用省份选取的哑变量作为因变量，即6个试点省份变量值为1，非试点城市的变量值为0，总共9个变量作为测量因素。

$$D_{it} = \gamma_o + \gamma_K X_{kit} + \varepsilon_{it} \qquad (3.7)$$

试点省份选取的 9 个指标变量的二元回归结果如表 3-2 所示，对于碳排放量以及人均二氧化碳排放量的回归都不显著，且回归系数较小，表明 2 个指标对试点省份的选取并没有较强的影响，可以证明选取过程中并没有过多参考碳排放因素，且正由于碳交易市场的推广效应，不应选取碳排放本身较低的省份。再观察到产业结构、能源结构、城市化水平、环境规制强度这四个因素，不仅显著性通过且影响系数较大，其中系数为负值表明，产业结构、能源结构、环境规制强度的值越大，那么选取结果越往 0 靠近，即越不容易选择为试点省份，考虑到如果在碳排放方面已经结构调整完善，那么对碳交易市场的需求性不强，市场建立和推广工作势必受到影响，而代表经济发展水平的人均 GDP 和城市化水平越高，被选取为试点省份的可能性越高。由上可以证明假设 2 成立，所以试点省份的选取并不以碳排放量作为主要指标。

表 3-2 二元选择模型回归结果

变量	(1)	(2)	(3)	(4)	(5)	(6)	(7)	(8)	(9)
碳排放量	-0.152 (-0.814)								
perCO$_2$		-0.047 (-0.898)							
人均GDP			0.333** (3.251)						
产业结构				-2.492 (-0.462)					
人口规模					-0.439 (-0.228)				
能源结构						-4.189* (-2.544)			
能源强度							-2.964** (-2.619)		

续表

变量	(1)	(2)	(3)	(4)	(5)	(6)	(7)	(8)	(9)
城市化 水平								7.317*** (3.313)	
环境规 制强度									-22.531 (-1.532)
R^2	0.0084	0.0041	0.0874	0.0507	0.003	0.2966	0.1421	0.4325	0.0719

注：括号内为 T 值；*，** 和 *** 分别表示显著性水平为 10%，5% 和 1%。

综上分析结果看出，本章数据选择满足上述两个假设，即可以采用双重差分法对碳交易市场的政策效果进行进一步评估。

二、双重差分模型结果分析及讨论

在采用双重差分法时，利用碳排放总量和人均二氧化碳排放量这两个指标作为被解释变量。而对于碳强度，由于我国近些年经济增长较快，而碳排放并没有较多的影响经济发展的速度和水平，碳强度指标会使得分析结果的变量系数符号相反，从而与碳排放量、人均碳排放不方便比较，故只选择以下两个因变量。根据双重差分计量模型建立了平均效应模型和可测量多期政策影响效应的动态模型。

对于表 3 - 3 中的四列中，每一列都包含了控制变量，首先看到对于双重差分估计量无论是平均影响效应 $G_i \times D_t$，还是政策实施后第一年到第四年 $G_i \times D_t^k$ 都是显著为负，这表明碳排放交易政策的实施对碳排放是有显著的抑制作用，这里可以证明对于碳排放交易政策效果的肯定，吴东霞（2018）关于碳排放交易政策的实证分析中发现双重差分交互项显著，判断碳交易市场政策比一般命令控制型环境政策更能释放环境红利，减排效果更好。表 3 - 3 中还可以发现，平均效应比政策执行后几年内的影响效应要大或接近最大值，而对于动态效应部分，第一年即政策执行后 2012 年的双重差分估计量在随后四年当中是最小的，在以碳排放总量和人均碳排放量为被解释变量的第（2）

（3）列中，$G_i \times D_t^1$ 分别是 -0.217 和 -0.327，后续年份中的估计量都大出很多且更显著，这表明持续的负向影响仍然存在，政策的效应不会在短期内结束，甚至政策效应有逐年增加的趋势。

表 3-3 双重差分分析结果

变量	碳排放量		perCO$_2$	
	（1）	（2）	（3）	（4）
$G_i \times D_t$	-0.685 *** (-3.437)		-1.140 *** (-5.397)	
$G_i \times D_t^1$		-0.217 * (-2.208)		-0.327 (-1.579)
$G_i \times D_t^2$		-0.448 *** (-4.141)		-0.987 *** (-6.039)
$G_i \times D_t^3$		-0.696 *** (-3.530)		-0.675 ** (-2.777)
$G_i \times D_t^4$		-0.506 *** (-3.354)		-0.785 *** (-4.299)
人均 GDP	0.284 *** (4.7)	0.233 *** (4.4)	0.521 *** (4.693)	0.439 *** (4.316)
产业结构	1.27 (1.415)	1.172 (1.261)	2.897 (1.316)	2.864 (1.249)
人口规模	4.137 *** (3.568)	4.072 *** (3.57)	-4.262 ** (-2.799)	-4.708 *** (-3.323)
能源结构	3.219 *** (4.522)	3.315 *** (4.493)	16.187 *** (6.021)	16.390 *** (5.978)
能源强度	0.082 (0.293)	0.036 (0.125)	-2.342 *** (-5.274)	-2.412 *** (-5.683)
城市化水平	5.328 *** (4.131)	5.943 *** (4.481)	7.461 ** (2.626)	8.398 ** (2.931)
环境规制强度	-0.302 ** (-3.156)	-0.268 ** (-2.855)	0.503 (1.924)	0.555 * (2.103)

变量	碳排放量		perCO$_2$	
	(1)	(2)	(3)	(4)
常数项	-5.200 *** (-4.173)	-5.329 *** (-4.079)	-5.936 * (-2.138)	-6.067 * (-2.173)
省份固定效应	控制	控制	控制	控制
时间固定效应	控制	控制	控制	控制
R^2	0.896	0.891	0.815	0.809

注：括号内为 T 值；*、** 和 *** 分别表示显著性水平为 10%、5% 和 1%。

对于控制变量，可以看到人均 GDP、能源结构、城市化水平显著为正，人均 GDP 越高会增加碳排放量，与能源结构相同，依靠资源密集型的经济发展最终带来温室气体的排放加剧，城镇化进程加快也使得二氧化碳减排工作受阻，过快的城镇化带来劳动力不均衡发展，导致产业结构、能源结构的创新高效化受阻，这是一个没有出路的恶性循环。这里可以看到人口规模对于碳排放总量呈正向相关，但是在人均碳排放方面呈负向相关，不难理解人口越多时，人均碳排放的比值就会下降，因此可以得到第（3）（4）列人口这一行的负向影响效应显著。值得一提的是，能源强度变量在前两列虽然估计量为正值，但并不显著，而在后两列显著为负，由于能源强度是能源消耗总量比上国内生产总值，可以看作对能源需求程度，我国现阶段能源强度保持下行趋势，即对能耗需求逐渐降低，这就使碳排放量下降。在环境规制强度方面，主要观察对于降低碳排放是否有显著影响，即环境治理政策的力度越大，减排效果越好，这也是我国所追求的政策效果。

三、安慰剂检验

安慰剂检验是一种附加实证检验的思想方法。对于模型中解释变量 X_i 对被解释变量 Y_i 影响效应的一种稳健型检验，可以寻找与被解释变量 X_i 相关的其他变量做安慰剂变量，用同样的模型进行分析后如果模型仍然通过检验，这时候可以怀疑模型检验出的影响效应是否是政策本身的效用。

本章采用改变被解释变量进行安慰剂检验，表3-4延用人均碳排放量做被解释变量，通过人为构建非事实的试点城市哑变量作为测度。表3-4中第（1）列是政策六个试点城市组成的实验组做出的双重差分法分析结果，第（2）~（4）列都是六个试点城市组成的实验组。检验结果显示，只有第（1）列的双重差分估计量是显著的，且为负值时影响效应也是最大的，其他三列安慰剂检验的双重差分估计量不为负值或者负值较小且不显著，故可以判断安慰剂检验成功通过，本章的双重差分模型是稳健的。

表 3-4   安慰剂检验

变量	perCO$_2$			
	（1）	（2）	（3）	（4）
$G_i \times D_t$	-1.140 *** (-5.397)	0.487 (0.871)	-0.212 (-0.653)	-0.181 (-0.576)
人均 GDP	0.521 *** (4.693)	0.388 *** (4.250)	0.406 *** (3.523)	0.388 *** (4.035)
产业结构	2.897 (1.316)	3.527 (1.343)	3.048 (1.335)	3.049 (1.275)
人口规模	-4.262 ** (-2.799)	-5.156 *** (-3.893)	-5.124 *** (-4.312)	-5.241 *** (-4.244)
能源结构	16.187 *** (6.021)	16.321 *** (5.797)	16.570 *** (6.100)	16.501 *** (6.076)
能源强度	-2.342 *** (-5.274)	-2.252 *** (-4.874)	-2.385 *** (-5.058)	-2.471 *** (-5.758)
城市化水平	7.461 ** (2.626)	9.475 *** (3.724)	9.283 ** (2.892)	9.169 ** (3.230)
环境规制强度	0.503 (1.924)	0.626 * (2.447)	0.585 * (2.231)	0.580 * (2.285)
常数项	-5.936 * (-2.138)	-6.808 ** (-2.673)	-6.502 * (-2.001)	-6.184 * (-2.218)
省份地区固定效应	控制	控制	控制	控制

变量	perCO$_2$			
	(1)	(2)	(3)	(4)
时间固定效应	控制	控制	控制	控制
R^2	0.896	0.895	0.893	0.900

注：括号内为 T 值；*、** 和 *** 分别表示显著性水平为 10%、5% 和 1%。

第五节　结论与政策建议

由上文的实证分析结果可知，碳交易市场的建立与运行能够持续有效的对降低碳排放起到积极作用，对于碳排放交易政策应持肯定积极的态度。并且随着时间的推移，政策实施对碳排放的持续负向影响仍然存在，政策效应有逐年增加的趋势。但是人均 GDP 高、资源密集和城镇化进程快等因素也会影响碳排放量，碳排放的降低有一部分的因素是我国在单位产出中对于能源的需求降低。我国碳交易市场刚刚开始建设，许多制度上的不成熟不完善让该政策效果大打折扣。在敦促进行低碳经济、提高能源效率、发展清洁能源产业等一系列措施后，需要借鉴国外成熟的碳交易市场机制，总结更加灵活适用的市场规范制度，为未来低碳经济工作的全面展开打下基础。

一、建立全国范围内的碳交易平台

目前我国在 7 个省份搭建碳交易平台，对本地区碳排放权的交易进行精准把控，在吸取试点城市的成功经验后，将成熟的交易体制推广到全国，全国范围内的交易信息越来越全面，交易量越来越庞大，所需要的交易平台的制度就要越详细，应参考欧盟的排放贸易体系和美国的碳排放交易市场体系，吸取它们高度成熟的市场经验来建立大规模的碳交易市场，并保证其繁荣的交易和繁杂的会计处理。我国已经建立的环境能源交易所在辖区内起到较大的减排作用，但从湖北省的交易额和交易范围看来，省域内的碳排放权交易已经不足以满足本省企业发展所需要的碳排放量配额，导致其在省外交易的碳排放权交易记录就存在管理空缺，在大量信息交流环境下的信息交换效率不增反降，这也使得信息不公开不透明，政府监督作用不够及时。国家对碳排放的核证，也应当构建统一的交易市场，在各利益方参与国际间项目合作中发挥重要作用，为满足本国碳排放企业希望参加联合国清洁发展机制项目的意愿，我国必须夺回属于自己的碳排放权交易的实质定价权。在建立统一完备的国家级交易平台前，我国可以根据交易量和次数选择规模适合的省级交易平台进行培养，再将各级规模较小的平台整合起来以便统一管理。

二、丰富碳交易市场产品种类

我国的碳交易市场产品开发能力弱，碳金融涉及产品基本空白，只是简单的将二氧化碳纳入交易范围内，首先在交易种类的数量上就无法与发达国家相比；其次在碳金融相关的衍生产品上种类较少，并且交易程序烦琐，失去金融产品本身快捷方便的交易特点。在碳金融的衍生产品上，仅有北京和湖北两省开发产品种类较为齐全，具体有碳基金、碳资产质押融资、碳债券、碳资产托管、碳金融结构性存款、碳排放配额回购融资、场外掉期交易、碳指数等，当然在学习国外先进碳金融行业的发展后，其拟金融类产品更加多种多样，适用于不同地区不同需要的交易，对此银保监会在《关于构建绿色金融体系的指导意见》中也提出大力发展和拓宽碳金融的道路，投入研发碳期权、碳资产股权制、碳贷款等有意义的碳金融衍生产品。

三、鼓励碳交易市场中盈利主体参与

我国参与碳交易市场的各个营利机构并不多，只有少数非相关金融机构和部分商业银行参与，现阶段中国碳金融的发展并不能吸引基金、信贷信托等服务型金融企业的加入，使得整个碳金融行业不能形成相关产业链和金融市场机制。《京都协定书》中发展中国家的减排任务完成期限长，存在缓冲期，在各国开展碳排放交易试点的前期，无法让全国相关行业投资者全面了解，导致隐藏在民间的个人碳减排潜力无法被开发利用，碳金融民间资本出现较大空缺，当碳金融的实际利益被行业认可并留下良好的口碑，且碳交易市场的相关审批审核、交易过程、监督规则精简明确时，行业投资者才会大规模投入资本，交易涉及的碳金融产品优势才能被展现出来；具有相关资质的评估定级机构、基金、保险业陆续为碳金融行业添砖加瓦，中国的碳金融战略在世界范围内碳金融乃至服务类交易才能蓬勃发展。我国应当首先完善碳金融咨询、审核、评估企业等第三方服务性机构的建立，给予其宽松和优惠的政策，使得自愿或强制参与的企业会更加有把握做好碳交易盈利性产品，更是为我国在国际市场上的交易提供了风险评估，降低了错误率。

四、完善相关法律制度

对于规范性的市场，严格有效的法律条令能维持市场持续繁荣，创造公平竞争且分配合理的商业环境，在规范行业有序竞争的同时，也为相关部门的监管和处罚提供了法律解释和保障。"十二五"规划和"十三五"规划纲要中已将碳排放交易市场的相关法律法规明确列出，尽管已经在部门规章制度和行政法规中给出了多个意见办法，但是在国家法律层面仍有较大空缺，地方性法规上虽有部分明确规定，但作用范围较小，不足以上升到国家法律体系。未来可以参考欧盟等国家健全的市场法律法规，针对我国碳排放交易量基数大的国情，选定地方法律发展为全国范围内关于碳交易市场的法律条文，让市场的审核、交易、管理和处罚都有法可依。

五、完善政府市场监督职能

我国碳排放交易市场由于刚刚起步，在各级市场风险抵御能力较弱、容错能力较差的情况下，我国应加强政府监管的效力，让市场与政府管理双管齐下。对于市场进行碳金融产品的定标、审核不仅需要法律法规的指导，更需要政府机构的管理与监督。另外，对于碳排放市场运行首要的就是对企业排放污染进行检测，这也是碳市场建立的根本性目的，这就需要相关检测部门提升检测能力、简化检测过程，检测指标的不合格会大大影响政府政策的制定和实施力度。在市场风险面前，除了企业要提高自身的风险运营能力，更要做好政府在市场中的监管和调控能力，严格打击违规的市场交易操作以及垄断市场价格的危险行为。

|第四章|

环境政策选择与地方政府竞争实证研究

第一节　环境政策选择与地方政府竞争现状

　　近年来，中国经济水平呈现稳定增长趋势，2019 年，我国 GDP 达到 99 万亿元，增速达到 6.1%，位于世界前列，取得了前所未有的成绩，社会基础建设不断发展。经济的高速发展也带来了巨大的环境压力，工业二氧化硫、工业烟尘和工业废水的大量排放，导致空气污染、地下水污染和土壤污染问题逐渐显现出来，不仅会影响人们的身体健康，更是会破坏人们生活环境，严重地区甚至威胁了人们的生命安全。

　　面对这一问题，我国强调要由高生态环境为代价的粗放式发展模式转向绿色发展模式，并且中央政府也做出了积极反应，进行了一系列环境规制。环境规制作为政府干预环境问题的约束措施，对外部解决环境问题和纠正市场环境治理失灵有着不可替代的作用。"十二五"期间，提出了城镇生活饮用污水、垃圾处理配套设施项目建设工程、脱硫脱硝设施建设工程等生态环境治理的重点建设工程，"大气十条""水十条""土十条"相继出台颁布，以强硬的生态环境政策和规制有效应对严峻挑战。中共十八届五中全会明确提出了"绿色发展"的核心理念，坚持环保和绿色经济发展的理念是我们在经济新常态下的必然选择。2018年，我国为了有效保护和改善生态环境，减少污染物的排放，促进生态社会文明的建设，实施了《中华人民共和国环境保护税法》，环境税正式开征，明确了不同种类污染物的相关征收标准和细则，用法律和制度措施来规范和保护生态环境。习近平总书记在中共十九大工作报告中再次明确指出，要继续加快深入推进环保和生态社会文明的建设，树立和贯彻践行"绿水青山就是金山银山"的发展理念。当前，我国的经济已经逐步转向了高质量快速发展的阶段，从而保护和改善了我国的生态环境，推进了生态社会文明的建设。

一系列环境规制和大量投入环境治理要取得明显的成效，归根结底还是需要从环境规制本身去寻找答案。一方面，环境治理成效与中国当前的发展阶段有很大关系，我国现在仍处于社会主义发展初级阶段，我国环境问题经过长期积淀形成，从整个世界的经验来看，环境问题难以在短时间内得以解决，并且多数国家是先发展后治理，即在完成城市化和工业化发展后再治理环境。另一方面，地方政府对中央政府的非完全执行行为的作用也不容小视。环境规制由中央政府制定，由各个地方政府实施，这就意味着地方政府在环境规制执行上具有很大的弹性空间，促使环境规制非完全执行的形成。由于地方政府与中央政府对环境规制的追求不同，地方政府往往是以政绩为目标，而中央政府是以公众福利为目标，从而出现一些地方政府为了经济发展而执行环境规制不利，从而形成地方政府非完全执行中央环境政策的局面。

地方政府的非完全执行现象影响因素还有地区间竞争，地方政府为了从政绩上不落后于其他地方政府，往往进行模仿或其他互动行为，本章从研究地区间环境规制策略互动的机理入手，分析影响环境规制策略互动的因素，通过实证检验地区间环境政策竞争状况，分析实证结果并给出建议。

本章在已有文献的研究基础之上，对地方政府在环境治理空间互动的内在机制进行分析，主要通过实证检验，以探讨环境规制在不同情况下的地区互动机制，不同污染物对地方政府进行互动是否有影响，具有较强的理论研究意义和现实意义。

从理论意义上来说，首先，以往的研究主要采用计量回归方法对环境政策的效果进行研究，其实多数识别的是一种相关关系，随着新的政策效果评价模型的逐渐推广，利用类似自然实验的数据对环境政策效果进行评价，本身是一种新的研究视角。其次，丰富和完善环境政策工具理论方法体系。对中国的环境政策工具进行选择和优化的研究也是对政策工具理论和政府改革理论的补充和发展。除上述之外，还结合现代宏观理论和中国国情从问题前瞻性、模型设定合理性、政策设计和政策协调等方面对中国环境政策进行系统全面的优化，有助于完善宏观调控、从而推动中国经济"由高速增长阶段转向高质量发展阶段"。本章选取的数据是地级以上城市数据，实证结果比较细致，在相关性检验方面，构造了四种权重矩阵，使得相关性检验更具说服力，实证方面，采用空间计量分析与稳健性检验相结合，使得实证结果会更准确。

从现实意义上来说，第一，中国作为世界上经济发展最为强劲的经济体，面临着巨大的减排压力。所以中国政府必须采取更积极有效的环境政策来治理环境，以回应国际社会对中国环境问题的关注。第二，目前由于我国污染控制政策在一定程度上缺乏和设计不完善，对地方政府竞争以及对环境污染的机理分析有利于寻找地方政府策略互动，从而为我国环境政策的制定与实施提供参考依据。第三，实证分析检验环境政策是否存在着策略性互动行为。不同省份在执行环境税收时的高低不一样，检验是否存在地方政府和环境污染减排中的策略互动，地区间是否发生转移、污染，排放是否出现显著的下降。

第二节 概念界定与文献评述

一、地方政府竞争

地方政府竞争严格意义上只是地区间竞争的一部分，地方政府竞争的核心在于不同地方辖区用各种各样的方式吸引资本或劳动力等生产要素的流入来实现自身利益最大化的目的。竞争主要体现在环境与政府效率等方面，这里的环境是指自然环境和投资环境等综合环境能力。按照主体之间关系的不同，政府间竞争可以分为纵向政府竞争和横向政府竞争。纵向政府竞争指具有隶属关系的地方政府间的竞争，例如，中央政府与地方政府、省级政府与市级政府；横向政府竞争指同级政府间的竞争，例如，省级政府与省级政府、市级政府与市级政府。本章研究的对象是市级政府间的策略互动，因此本章出现的地方政府间竞争，都是指市级政府间的横向竞争。

二、环境规制

环境规制是指基于环境污染的负外部效应政府通过制定相应的环保政策与措施，对辖区内企业和个人的经济活动进行规制和调节，对辖区内污染行为进行相应的禁止与限制，以达到平衡区域环境和经济发展关系的目的。环境规制的指标选取没有统一定论，大多是根据工业污染物进行处理得到的，本章选取工业二氧化硫、工业烟尘、工业废水和综合指标四种指标衡量环境规制，并作为被解释变量进行回归分析。

三、策略互动

策略互动是指处于竞争关系的双方在面对其竞争对手的决策时，所选择的是对自己最有利的决策。因为本章的研究对象是地级以上城市，所以策略互动在本章可以理解为，处于竞争关系的地方政府在面对其他地方政府的环境规制时，做出相应环境规制政策调整反应，让自己处于不会受到更严重的环境污染，创造相对较优的竞争环境，以达到具有吸引资源的优势地位。

四、文献评述

以往环境政策的效应评估研究，重视检验"波特假说"，重视对环境政策与全要素生产率、技术创新、国际贸易和外商直接投资之间的关系、重视地区间竞争关系等，但是对环境政策是否导致污染控制指标降低的文献偏少，关注变量之间的相关关系，对因果关系进行研究的文献较少。

研究方法多数是回归类模型，政策评估计量经济学方法较少。量化的环境规制分析，建模的指标选择比较随意，环境规制的度量，不同测度指标均在一定程度上存在不足，计量模型的选择也存在着对非线性和空间效应考虑不足。例如，环境规制指标的构建很多都是绝对量指标，不是相对指标，这样的指标反映环境规制的松紧度并不合适；另外，由于环境规制政策的内生性，应用环境执法事件等表述环境政策的松紧程度，导致估计的结果并不稳健，所以环境政策效应评估在经典问题的研究中也并没有取得一致的结论。

现有的文献大多基于省级面板数据探究跨界环境问题，样本数量少，没有探究到地级市层面环境规制的互动现象。目前，基于地级市层面数据进行实证检验的文献偏少。因此，本章在之前研究的基础上进行创新和改进，以2007~2016年中国272个地级以上城市面板数据为实证基础，实证检验地方政府间环境规制互动情况，相较之前的文献，本章数据时间跨度长，覆盖全国地区，比之前的文章覆盖地区广，构造了更细致的环境规制指数进行衡量，数据更精细。现有文献对空间权重的构造往往只停留在简单的地理空间权重矩阵或经济空间权重矩阵，本章除了这两种之外进行处理和赋权，构造更为复杂的经济地理空间权重矩阵和经济地理镶嵌空间权重矩阵，使得回归结果更具有说服力。

第三节　环境规制选择的机理分析

一、环境政策选择与地方政府间竞争的现状分析

杨瑞龙等（2008）学者认为中国环境污染问题是公共治理有害物品的供应能力不足，与公共污染及其治理激励机制缺乏效率的一个直接表现，与改变当前中国地方政府现有的财政分权改革体制所需要形成的激励机制模式有着密切的直接关系，在中央或者地方政府的领导和激励与其约束下，地方各级政府在其发展当地的经济、环境的保护和其节能减排等各个方面可以起着越来越重要的地位和作用，特别是经济市场化的改革带来了粗放式经济财政领域的分权后，财政体制分权的重要性使得中央或者地方各级政府在其财政支出上，可以具有较大的控制和裁量权。

奥佳华等（Ogawa et al，2009）通过对理论和模型的分析，认为尽管在一些区域结构差异显著的国家和地区间仍然存在明显的外溢酸雨效应，环境资源分权治理仍然认为可以直接产生有效的环境资源配置。席尔瓦等（Silva et al，1997）应用了博弈论模型研究美国联邦中央政府和其他地方中央政府间污染物的酸雨减排管理机制。卡普兰等（Caplan et al，1999）利用博弈论有关的理论和模型研究了美国联邦中央政府和其他地方政府间的酸雨污染物减排的机制。莫莱迪纳等（Moledina et al，2003）构建了一个信息不对称条件下的动态模型，用以分析企业策略性行为对环境规制的影响。坎伯兰（Cumberland，1981）从博弈的角度研究了地方政府间围绕税收的竞争行为与区域环境质量之间的关系，认为州政府或者联邦政府为吸引资金、人才的流入、扩大税源以及增加税收收入会降低环境政策的执行力度，从而增加区域环境污染、降低环境质量，进而引发环境政策上的"逐底竞争"（race to the bottom），最终导致了各个区域之间的环境政策在执行过程中存在较大的差异。惠勒（Wheeler，2001）与科尼斯基（Konisky，2007）对国家间环境规

制"逐底竞争"的逻辑进行了详细阐述。

杨海生等（2008）从环境政策的角度对地方政府的流动性竞争和其博弈政策进行了实证检验，显示了地方与政府执行的环境保护管理政策之间，往往存在相互之间攀比式的环境政策竞争，通过忽略了环境问题来固化资源和争夺流动性要素，最终直接导致了环境的恶化。郑周胜（2012）通过博弈论建立了中央与地方的环境政策委托代理博弈模型，以及中央与地方国有企业政府与民营企业的委托－代理博弈模型，从理论上分析了我国财政分权与环境保护和污染的博弈关系。李胜兰（2014）的研究结果显示，地方在政府的环境保护管理政策的研究制定与其实施当中，存在明显的模仿行为。臧传琴等（2010）基于财政分权博弈论的视角，探讨了经济信息不对称的条件下地方政府的环境保护规制管理政策的设计。李正升（2014）提出了建立一个分析我国中央与地方及其他地方中央政府间的环境治理博弈与竞争关系的模型，考察经济转型期我国与地方中央政府的环境治理决策行为。

二、环境政策选择与地区间竞争的理论机制

环境政策选择与地区间竞争的理论形成机制，这个部分主要从理论形成的逻辑推理和博弈视角进行分析。结合我国环境政绩考核机制、环境保护事权划分、排污费收入归属现状（2018 年后是环境税收状况）、地区间排污费收入不平衡状况以及中央与地方财政收入分配格局的实践背景，我们将考察我国的分权体制对环境污染的影响，分别基于中央与地方的委托代理关系、地方政府之间、地方政府与企业的利益博弈，探求分权激励下环境污染的作用机理。

环境政策、地区间竞争通过什么渠道造成了名义 GDP 的周期性波动？首先，从环境政策是否影响地方政府的财政支出结构，造成短期增长效应的变化，进而造成了 GDP 波动方面进行分析。在我国财政分权体制下，地方有增加预算外收入，同时将财政支出转向见效快、绩效明显的基本建设和固定资产投资的动机，这样直接增加 GDP，在短期内增长效应显著，但是财政开支用于经济建设，必然挤占了短期增长效应不明显的公共福利支出，造成社会

保障、环境保护和科教文卫事业的投入压缩。其次，根据"遵循成本假说"在技术、资源配置和消费者需求固定的前提下，环境政策的引入会增加经济主体的非生产性的环境资本投入，不利于经济增长（Dension，1981；Gollop and Roberts，1993），造成经济的波动。具体的逻辑关系如图4-1所示。从图4-1我们可以看出，中央政府通过分权和集权对地方政府进行激励，由于信息不对称，地方政府与中央政府也存在着纵向的竞争；地方政府官员之间为了晋升会形成地区间横向的竞争，这种竞争表现为策略性互动，策略通常分为互补性策略和替代性策略，通常情况下替代性策略占据主导地位。这种情况下，地方政府会在发展经济和保护环境等公共服务方面进行权衡（吕炜和

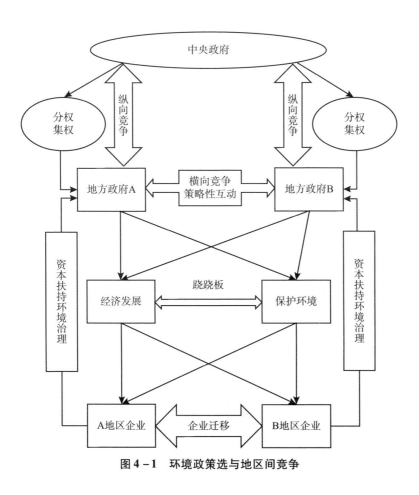

图 4-1 环境政策选与地区间竞争

王伟同, 2008), 通常被称为"压跷跷板", 发展经济和保护环境这两种方式会对微观企业的经营产生影响, 当保护环境的愿望非常强烈时, 会导致企业的生产成本上升, 利润发生下降, 企业经营业绩差, 宏观经济下滑, 当发展经济在地方政府考核中占主导地位时, 会忽视环境的影响, 这样导致经济上行, 当然无论环境考核是否重要, 在财政分权的框架下, 地方政府发展经济的愿望还是非常强烈的, 所以在面对环境问题时, 企业会以资本要挟地方政府放松环境管制, 否则就进行地区间的迁移, 这就造成地方经济的波动。

三、地方政府竞争对环境污染的影响路径

自从巴罗 (Barro) 在模型中将公共支出划分为生产性支出和消费支出后, 这一划分方式即被国内外大多数学者沿用, 并且在此基础上衍生了其他的划分方式, 金戈和史晋川 (2010) 将政府的财政支出划分为纯生产性支出、纯消费性支出和生产—消费混合型支出。王华春和刘清杰 (2016) 将财政支出划分为经济性支出和社会性支出。张宇 (2013) 则将财政支出划分为生产性支出和保障性支出。由此可见, 在政府财政支出结构中, 作为具有促进经济增长作用的生产性支出这一划分类别是始终存在的。

地方政府具有调节地区经济平衡发展和保护环境的职责, 必须协调经济发展与环境保护之间的矛盾, 在解决经济与环境发生冲突时, 一定要发挥地方政府独特的功能。地方政府竞争对环境污染的具体影响路径如图 4-2 所示。为了经济发展和提高社会福利而进行经济和生活的良好环境建设, 地方政府间开展了生产性财政支出竞争。在这种竞争环境下, 一方面, 大量资金被投入经济建设中, 各城市为了不落后于其他城市, 扩大基础设施建设, 从而导致基础设施重复建设的局面, 进而导致资源浪费和环境污染; 另一方面, 这种恶性的生产性财政支出竞争会导致环境规制竞争进一步演化, 地方政府为了吸引更多的资本和劳动力等生产要素流入本地, 不惜牺牲环境, 从而恶化环境规制竞争, 在这种竞争环境下, 地方政府会降低当地环境规制以达到平衡, 实现宽松的环境政策, 引发环境政策的"逐底竞争", 造成更负面的环境影响。

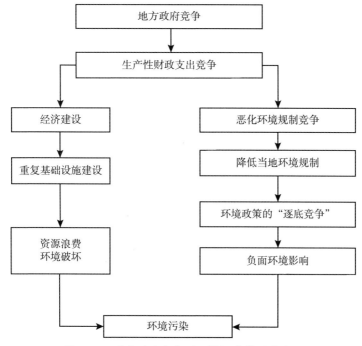

图 4 - 2　地方政府竞争对环境污染的影响路径

第四节　地方政府间环境规制的实证研究

一、变量选取与数据来源

本章参照国内外专家和学者的做法，选取适合本章研究目的的指标，环境规制强度作为被解释变量，不仅选取了单指标变量，还对三种指标进行综合处理构造综合指标。

（一）变量选取

1. 环境规制强度

参考赵霄伟（2014）的做法，选取工业二氧化硫排放量（SO_2）、工业烟尘排放量（*dusty*）、工业废水排放量（*water*）三项指标综合衡量城市的环境规制强度。具体处理方法如下：

计算各个城市第 $t(t=1，2，\cdots，10)$ 年第 $j(j=1，2，3)$ 种工业污染物的单位排放强度：

$$E_{ijt} = \frac{er_{ijt}}{y_{it}} \tag{4.1}$$

其中，E_{ijt} 表示第 i 个城市第 j 种工业污染物在第 t 年的单位排放强度，er_{ijt} 表示第 i 个城市第 j 种工业污染物在第 t 年的排放量，y_{it} 表示第 i 个城市在第 t 年实际工业总产值。

计算全国第 t 年第 $j(j=1，2，3)$ 种工业污染物的单位排放强度：

$$E_{jt} = \frac{\sum\limits_{i=1}^{272} er_{ijt}}{\sum\limits_{i=1}^{272} y_{it}} \tag{4.2}$$

计算各个城市第 t 年第 $j(j=1，2，3)$ 种工业污染物的相对排放程度：

$$Em_{ijt} = \frac{E_{ijt}}{E_{jt}} \tag{4.3}$$

计算各个城市第 t 年的环境规制综合指标：

$$indexER_{it} = \frac{1}{3}(Em_{i1t} + Em_{i2t} + Em_{i3t}) \tag{4.4}$$

该指标越大说明第 i 个城市在当期的污染物排放强度在全国范围内相对越高，环境规制越松懈，为了进行正向表示，本节对该指标进行取倒数的逆处理：

$$
\begin{aligned}
ER_{it}^{so2} &= \frac{1}{Em_{i1t}} \\[6pt]
ER_{it}^{dusty} &= \frac{1}{Em_{i2t}} \\[6pt]
ER_{it}^{water} &= \frac{1}{Em_{i3t}} \\[6pt]
ER_{it}^{index} &= \frac{1}{indexER_{it}}
\end{aligned} \tag{4.5}
$$

环境规制综合指数越高，环境规制强度越大。

2. 财政分权（FD）

国内外学者对于财政分权的衡量尚未达成一致的结论。本章参考刘建民等（2015）的做法，从财政支出角度衡量财政分权，即采用城市人均财政支出与人均财政支出总额的比值来衡量各个城市的财政分权水平。其中，人均财政支出总额等于城市、省级和中央人均财政支出之和，这种衡量方式能够同时消除人口规模和中央对地方转移支付的双重影响。

$$FD = \frac{FDC}{FDC + FDP + FDF} \tag{4.6}$$

其中，FDC 表示城市人均财政支出，FDP 表示省级人均财政支出，FDF 表示中央的人均财政支出。FD 值越大，表示城市的财政分权水平越高。

3. 控制变量

（1）人均收入（lnPGDP）。选取人均实际地区生产总值的对数来衡量各个城市的经济增长水平，单位是元，并用人均收入及其平方来测度 EKC 曲线。

（2）开放水平（FDI）。本章用实际利用外商直接投资额占地区生产总值的比重衡量地方政府的开放水平。

（3）地方政府决策（Invest）。采用固定资产投资额与地方就业人口数的比值来度量地方政府决策行为。

（4）人口密度（lnPOP）。用各地区城区人口与城区面积比值的对数来衡量。

（5）产业结构（Structure）。本节的污染物为工业污染排放物，与第一产业和第三产业相比，第二产业产生的污染排放较多。因此采用第二产业增加值占地区生产总值的比重表示城市的产业结构。

（6）扩张水平（lnArea）。用城市辖区建成区面积来衡量政府扩张水平。

（7）科技水平（Tech）。采用科学支出占财政支出的比重来表示科技投入。

（8）财政赤字（Deficit）。用财政支出与财政收入差额占地区生产总值的比重来衡量。

（二）数据来源

本章数据均直接来自《中国城市统计年鉴》《中国区域经济统计年鉴》《中国城市建设统计年鉴》以及 EPS 全球统计数据以及各省份统计年鉴。本章数据包含了我国 30 个省、自治区以及直辖市的 272 个地级以上城市的数据（不含我国西藏以及香港、澳门、台湾地区）。各个城市的生产总值、工业总产值、固定资产投资完成额分别按照对应省份在 2007~2016 年的居民消费价格指数、工业生产者出厂价格指数、固定资产投资价格指数折算为 2007 年不变价格，三种价格指数数据均来源于国家统计局。此外，剔除变量缺失严重的城市，对于某些变量在个别年份出现缺失值，利用插补法进行补全，经过数据处理，最终保留 272 个地级及以上城市的面板数据。本节对非百分比数据进行对数化处理，表 4-1 是变量的描述性统计。

表 4-1　　　　　　　　　　变量的描述性统计

变量	平均值	标准差	最小值	最大值	样本数
$ER_{it}^{so_2}$	2.3622	24.8420	0.0333	1036.0530	2720
ER_{it}^{dusty}	2.6861	15.7615	0.0051	399.0617	2720
ER_{it}^{water}	1.1732	1.0157	0.0145	11.2378	2720
ER_{it}^{index}	1.1102	1.2099	0.0148	16.8097	2720
FD	0.2825	0.0952	0.0963	0.8459	2720
$\ln PGDP$	10.3752	0.6658	4.5951	13.0557	2720
FDI	0.0030	0.0028	0.0000	0.0194	2720
$Invest$	25.4923	14.4093	1.5280	114.4867	2720
$\ln POP$	7.8581	0.7704	5.5148	9.9081	2720
$Structure$	49.4914	9.9625	14.9500	85.0800	2720
$\ln Area$	4.4100	0.8491	2.4510	7.2582	2720
$Tech$	0.0149	0.0138	0.0007	0.2068	2720
$Deficit$	0.0952	0.0798	-0.0671	0.3543	2720

二、空间自相关性检验

空间权重矩阵表明地区之间的关联程度和相互依赖的关系。本章重点考虑地方政府在环境规制方面的策略互动。在现有空间计量研究中，大多使用 0-1 地理邻接权重矩阵和地理空间权重矩阵，本章为了便于比对结果，保证结论的稳健性，构造了地理、经济、经济地理、经济地理嵌套四种空间权重矩阵进行空间计量分析。

（一）空间权重矩阵的构造

1. 地理空间权重矩阵

矩阵的元素为两个地区之间距离的倒数，其中两个地区的距离根据地区的经纬度来测算，计算公式为：

$$w_{ij}^G = \frac{1}{d_{ij}} \tag{4.7}$$

其中，w_{ij}^G 是未经过行标准化后的地理空间权重矩阵 W^G 第 i 行第 j 列的元素，d_{ij} 表示第 i 城市和第 j 城市之间的经纬度距离。在进行空间计量分析时，使用行标准化的地理空间权重矩阵，即：

$$w_{ij}^{GS} = \frac{1/d_{ij}}{\sum_{i=1}^{272} (1/d_{ij})} \tag{4.8}$$

2. 经济空间权重矩阵

矩阵的元素为两个地区在 2007~2016 年期间的实际人均 GDP 差的绝对值的倒数，具体的计算公式为：

$$w_{ij}^F = \frac{1}{|\bar{p}_i - \bar{p}_j|} \tag{4.9}$$

其中，w_{ij}^F 是没有经过行标准化后的经济空间权重矩阵第 i 行第 j 列的元素，$\bar{p}_i$ 表示第 i 城市在 2007~2016 年期间实际人均生产总值的平均值。同样，在进行空间计量分析时，使用行标准化的经济空间权重矩阵，即：

$$w_{ij}^{FS} = \frac{1/|\bar{p}_i - \bar{p}_j|}{\sum\limits_{i=1}^{272} 1/(|\bar{p}_i - \bar{p}_j|)} \tag{4.10}$$

3. 经济地理空间权重矩阵

经济地理空间权重矩阵综合考虑了各个地区的地理距离和经济距离，由地理空间权重矩阵与经济空间权重矩阵对应元素相乘并进行行标准化得到。

4. 经济地理空间嵌套权重矩阵

该权重矩阵也综合考虑了各个地区的地理距离和经济距离。参考严雅雪和齐绍洲（2017）的做法，经济地理嵌套空间权重为地理空间权重矩阵和经济空间权重矩阵加权之和，权重均为0.5。

（二）全局空间自相关检验

利用 Moran's I 指数进行全局空间自相关检验，其计算公式为：

$$\text{Moran's I} = \frac{\sum\limits_{i=1}^{272}\sum\limits_{j=1}^{272} w_{ij}(x_i - \bar{x})(x_j - \bar{x})}{S^2 \sum\limits_{i=1}^{272}\sum\limits_{j=1}^{272} w_{ij}} \tag{4.11}$$

其中，w_{ij}为没有经过行标准化的空间权重矩阵第 i 行第 j 列元素，x_i 和 x_j 分别表示当期第 i 城市、第 j 城市的被解释变量值，S^2 为样本的方差，且 $S^2 = \sum\limits_{i=1}^{272}(x_i - \bar{x})^2/n$，Moran's I 指数值的上限为 1，下限为 -1。当 Moran's I > 0 时，表示具有空间正自相关性；当 Moran's I < 0 时，表示具有空间负自相关性；当 Moran's I $= 0$ 时，表示不具有空间自相关性。当空间权重矩阵经过行标准化处理时，Moran's I 指数计算公式可以变换为：

$$\text{Moran's I} = \frac{\sum\limits_{i=1}^{272}\sum\limits_{j=1}^{272} w_{ij}(x_i - \bar{x})(x_j - \bar{x})}{\sum\limits_{i=1}^{272}\sum\limits_{j=1}^{272}(x_i - \bar{x})^2} \tag{4.12}$$

四种环境规制指数在 2007～2016 年的全局 Moran's I 值见表 4 - 2 至表 4 - 5，可知样本研究期间内，在 1% 的显著性水平下，四种环境规制指数在两种空间权重矩阵下的 Moran's I 指数值显著为正，因此可得出：第一，地区间环境规制存在着显著的正相关性，即主体间存在竞争关系；第二，样本研究期间四种环境规制指数在两种权重矩阵下的 Moran's I 指数值呈现的变化趋势基本一致，都实现先下降后上升，在下降区间，说明环境规制相关性下降，地区间竞争缓和，在上升区间，环境规制相关性上升，地区间竞争变得激烈，互动关联程度不断上升。

表 4 - 2　　　　　2007～2016 年工业二氧化硫指数空间自相关检验

年份	经济地理空间权重矩阵			经济地理空间嵌套权重矩阵		
	Moran's I 值	Z 值	p 值	Moran's I 值	Z 值	p 值
2007	0.052 ***	0.652	0.000	0.051 ***	6.031	0.000
2008	0.069 ***	6.445	0.000	0.062 ***	7.564	0.000
2009	0.053 ***	5.727	0.000	0.052 ***	6.291	0.000
2010	0.056 ***	5.496	0.000	0.065 ***	7.500	0.000
2011	0.049 ***	5.434	0.000	0.500 ***	5.658	0.000
2012	0.049 ***	6.114	0.000	0.048 ***	6.495	0.000
2013	0.048 ***	5.170	0.000	0.049 ***	4.843	0.000
2014	0.049 ***	5.474	0.000	0.049 ***	6.048	0.000
2015	0.035 ***	3.872	0.000	0.043 ***	7.789	0.000
2016	0.083 ***	3.742	0.000	0.079 ***	8.227	0.000

注：*** 、** 、* 分别表示变量在 1%、5%、10% 的显著性水平下显著。

表 4 - 3　　　　　2007～2016 年工业烟尘指数全局空间自相关检验

年份	经济地理空间权重矩阵			经济地理空间嵌套权重矩阵		
	Moran's I 值	Z 值	p 值	Moran's I 值	Z 值	p 值
2007	0.075 ***	4.639	0.000	0.031 ***	7.579	0.000
2008	0.077 ***	4.111	0.000	0.019 ***	4.344	0.000
2009	0.066 ***	3.358	0.000	0.016 ***	3.520	0.000

年份	经济地理空间权重矩阵			经济地理空间嵌套权重矩阵		
	Moran's I 值	Z 值	p 值	Moran's I 值	Z 值	p 值
2010	0.024 ***	2.606	0.005	0.005 ***	3.111	0.001
2011	0.034 ***	5.105	0.000	0.009 ***	6.154	0.000
2012	0.023 ***	4.725	0.000	0.002 ***	3.744	0.000
2013	0.024 ***	4.916	0.000	0.002 ***	3.568	0.000
2014	0.024 ***	6.408	0.000	0.001 ***	3.630	0.000
2015	0.042 ***	5.585	0.000	0.007 ***	4.888	0.000
2016	0.064 ***	3.619	0.000	0.021 ***	5.017	0.000

注：***、**、*分别表示变量在1%、5%、10%的显著性水平下显著。

表4-4　　　2007~2016年工业废水指数全局空间自相关检验

年份	经济地理空间权重矩阵			经济地理空间嵌套权重矩阵		
	Moran's I 值	Z 值	p 值	Moran's I 值	Z 值	p 值
2007	0.101 ***	3.768	0.000	0.047 ***	6.833	0.000
2008	0.099 ***	3.711	0.000	0.043 ***	6.206	0.000
2009	0.084 ***	3.133	0.000	0.039 ***	6.573	0.000
2010	0.074 ***	2.770	0.000	0.037 ***	7.170	0.000
2011	0.064 ***	2.406	0.000	0.046 ***	4.217	0.000
2012	0.045 ***	1.734	0.000	0.044 ***	4.157	0.000
2013	0.041 ***	1.583	0.000	0.051 ***	3.628	0.000
2014	0.031 ***	1.560	0.000	0.050 ***	1.887	0.000
2015	0.048 ***	1.827	0.000	0.061 ***	2.397	0.000
2016	0.032 ***	1.312	0.000	0.051 ***	1.971	0.000

注：***、**、*分别表示变量在1%、5%、10%的显著性水平下显著。

表 4 - 5   **2007～2016 年综合指数全局空间自相关检验**

年份	经济地理空间权重矩阵			经济地理空间嵌套权重矩阵		
	Moran's I 值	Z 值	p 值	Moran's I 值	Z 值	p 值
2007	0.140 ***	5.677	0.000	0.047 ***	7.595	0.000
2008	0.138 ***	5.587	0.000	0.043 ***	6.830	0.000
2009	0.134 ***	5.324	0.000	0.039 ***	6.137	0.000
2010	0.113 ***	4.439	0.000	0.037 ***	5.772	0.000
2011	0.130 ***	5.110	0.000	0.046 ***	7.071	0.000
2012	0.144 ***	5.475	0.000	0.044 ***	6.710	0.000
2013	0.147 ***	5.540	0.000	0.051 ***	7.634	0.000
2014	0.141 ***	5.311	0.000	0.050 ***	7.365	0.000
2015	0.153 ***	5.611	0.000	0.061 ***	8.740	0.000
2016	0.120 ***	4.428	0.000	0.051 ***	7.321	0.000

注：***、**、* 分别表示变量在 1%、5%、10% 的显著性水平下显著。

三、基准模型的建立

通过空间自相关性检验结果可知，四种环境规制表现出正相关性，因此，本章建立空间计量模型进行分析。本章定义地区 i 的环境规制决策函数为 $ER_i = f(X_{-i}, ER_{-i})$，其中 X_{-i} 表示地区 i 的经济社会综合情况，ER_{-i} 表示其他地区竞争行为，因此地区 i 环境规制决策函数式为 $ER_{it} = er_{it} + tr_{jt} - tr_{it}$，其中 $er_{it} = \alpha_1 X_{it} + \mu_{it}$ 表示地区 i 在完全不受其他地区影响的单纯本地区环境规制决策函数，tr_{ji} 表示地区 i 受到地区 j 的环境规制影响作用，tr_{ij} 表示地区 i 转移给地区 j 的环境规制影响作用，因此用 $tr_{ji} - tr_{ij}$ 表示地区 i 受到地区 j 环境规制的净影响作用，用空间自回归表示为 $tr_{jt} - tr_{it} = \rho \sum_{i=1}^{n} w_{ij} ER_{ij} ll$，用空间误差表示为 $tr_{jt} - tr_{it} = \lambda \sum_{i=1}^{n} w_{ij} \mu_{ij}$。

从动态关系方面来看，地区间环境规制的影响不只是会表现当期影响上，其他地区前期决策也会对相邻地区当期决策产生影响，因此本章引入跨期因素进行研究，地区 i 受到地区 j 的净影响作用用空间自回归表示为 $tr_{jt} - tr_{it} = \rho \sum_{i=1}^{n} w_{ij} ER_{ij} + \gamma \sum_{i=1}^{n} w_{ij} ER_{ij-1}$，用空间误差表示为 $tr_{jt} - tr_{it} = \zeta \mu_{it-1} + \lambda \sum_{i=1}^{n} w_{ij} \mu_{ij} + \varepsilon_{it}$。根据以上推理，本节构造以下基准模型：

$$ER_{it} = \rho \sum_{j=1}^{n} w_{ij} ER_{jt} + \alpha_1 X_{it} + \mu_{it} \tag{4.13}$$

$$ER_{it} = \lambda \sum_{j=1}^{n} w_{ij} \mu_{it} + \beta_1 X_{it} + \varepsilon_{it} + \mu_{it} \tag{4.14}$$

$$ER_{it} = \theta ER_{it-1} + \rho \sum_{j=1}^{n} w_{ij} ER_{jt} + \gamma \sum_{j=1}^{n} w_{ij} ER_{jt-1} + \alpha_1 X_{it} + \mu_{it} \tag{4.15}$$

$$ER_{it} = \lambda \sum_{j=1}^{n} w_{ij} \mu_{it} + \beta_1 X_{it} + \varphi_{it} + \zeta \mu_{it-1} \tag{4.16}$$

式（4.13）与式（4.14）为静态空间计量模型，式（4.13）为空间自回归模型（SAR），式（4.14）为空间误差模型（SEM）。式（4.15）与式（4.16）为动态空间计量模型，式（4.15）为空间自回归模型，式（4.14）为空间误差模型。其中，WER_{ij}、WER_{ij-1}、ER_{it-1} 分别为了衡量同期与跨期的策略互动，X_{it} 表示影响环境规制的相关因素，α、β 表示对应变量系数，w_{ij} 表示空间权重矩阵，ρ、λ 表示对应空间滞后项系数，θ、γ 表示对应时间滞后项和时空滞后项系数，μ、ε 表示随机扰动项。本章主要关注参数 ρ 的大小和正负，具体体现为：当 $\rho = 0$ 时，表示地区间环境规制不存在策略互动行为；当 $\rho > 0$ 时，说明地区环境规制存在策略互补，即模仿行为；当 $\rho < 0$ 时，说明地区环境规制存在策略替代，即差异化行为。

四、实证结果分析

（一）模型选择检验

首先，为了对空间滞后模型和空间误差模型做出选择，本章利用 LM 检验进行判断，LM 检验的结果如表 4 - 6 所示。由表 4 - 6 可知权重矩阵为地理和经济地理空间嵌套矩阵时，LM 检验中的四个检验统计量在 1% 的显著性水平下均通过了检验，说明两种模型均适用；权重矩阵为经济空间权重矩阵时，LM 检验中的四个检验统计量在 1% 的显著性水平下均通过了检验，但是 Robust LM-Error 检验统计量的显著性相对 Robust LM-Lag 检验统计量较低，说明空间滞后模型更为适用；权重矩阵为经济地理空间权重矩阵时，LM-Error、LM-Lag 和 Robust LM-Lag 三个检验统计量在 1% 的显著性水平下均通过了检验，但是 Robust LM-Error 统计量对应的 p 值为 0.394，未通过显著性检验，说明空间滞后模型更为适用。其次，为了检验面板回归模型应该选择固定效应模型还是随机效应模型，本章利用 Hausman 检验进行判断，检验结果如表 4 - 6 所示，检验结果均显著，说明应该固定效应模型，不选择随机效应模型。综上所述，本章选择时空双向固定的空间滞后模型为本章之后分析的基准模型。

表 4 - 6　　　　　　空间面板模型的 LM 检验和 Hausman 检验结果

检验方法	地理距离		经济距离		经济地理距离		经济地理嵌套	
	LM 值	p 值	LM 值	p 值	LM 值	p 值	LM 值	p 值
LM-Error	1816.408	0.000	97.846	0.000	245.173	0.000	1817.003	0.000
Robust LM-Error	1307.383	0.000	9.797	0.002	6.543	0.394	1308.054	0.000
LM-Lag	526.818	0.000	46.882	0.000	169.357	0.000	526.756	0.000
Robust LM-Lag	17.793	0.000	10.833	0.000	17.728	0.000	17.807	0.000
Hausman 检验	92.030	0.000	49.560	0.000	44.380	0.000	50.070	0.000

资料来源：笔者通过 Stata 软件计算得到。

（二）面板回归结果

表 4 - 7 和表 4 - 8 是空间滞后静态面板回归的系数结果，分析了在不跨期的情况下，地方政府环境规制决策的策略。

表 4 - 7   地理空间权重矩阵的空间滞后面板回归结果

变量	$ER_{it}^{so_2}$	ER_{it}^{dusty}	ER_{it}^{water}	ER_{it}^{index}
FD	106. 5094 *** (4. 77)	135. 3949 *** (11. 12)	1. 2706 ** (2. 39)	3. 3687 *** (5. 87)
ln$PGDP$	105. 0222 * (1. 91)	− 248. 9113 *** (− 8. 28)	− 4. 0841 *** (− 3. 12)	− 10. 8890 *** (− 7. 70)
ln^2PGDP	− 5. 5493 ** (− 2. 18)	10. 9801 *** (7. 89)	0. 2022 *** (3. 33)	0. 5027 *** (7. 68)
FDI	558. 4356 (1. 23)	− 969. 8749 *** (− 3. 93)	− 29. 9734 *** (− 2. 77)	− 24. 0615 ** (− 2. 07)
Invest	0. 3167 *** (3. 40)	− 0. 1924 *** (− 3. 79)	0. 0054 ** (2. 46)	− 0. 0083 *** (− 3. 49)
lnPOP	0. 6022 *** (0. 41)	− 1. 6619 ** (− 2. 09)	− 0. 0225 (− 0. 65)	− 0. 0883 ** (− 2. 36)
Structure	− 1. 0234 *** (− 8. 01)	− 0. 0667 (− 0. 96)	− 0. 0088 *** (− 2. 91)	− 0. 0007 (− 0. 21)
ln$Area$	− 8. 9009 (− 5. 51)	− 2. 9851 *** (− 3. 39)	− 0. 0806 ** (− 2. 10)	− 0. 0930 ** (− 2. 24)
Tech	92. 4499 *** (1. 00)	17. 4699 (0. 35)	1. 7109 (0. 78)	7. 9082 *** (3. 31)
Deficit	− 110. 5654 (− 4. 02)	− 104. 3867 *** (− 6. 96)	− 0. 9029 * (− 1. 38)	− 4. 3146 *** (− 6. 11)
ρ	0. 9230 *** (24. 35)	0. 5073 *** (3. 79)	0. 4804 *** (3. 33)	0. 7995 *** (9. 56)

注： *** 、 ** 、 * 分别表示变量在1% 、5% 、10% 的显著性水平下显著，括号里的数值是 Z 统计量。

表 4 - 8   经济空间权重矩阵的空间滞后面板回归结果

变量	$ER_{it}^{so_2}$	ER_{it}^{dusty}	ER_{it}^{water}	ER_{it}^{index}
FD	113. 8712 *** (4. 48)	136. 5965 *** (11. 17)	1. 1448 ** (2. 14)	3. 1245 *** (5. 31)
ln$PGDP$	119. 2714 ** (2. 06)	− 254. 3347 *** (− 8. 43)	− 4. 0365 *** (− 3. 06)	− 11. 4786 *** (− 7. 91)

续表

变量	$ER_{it}^{so_2}$	ER_{it}^{dusty}	ER_{it}^{water}	ER_{it}^{index}
$\ln^2 PGDP$	- 6. 2668 ** (- 2. 33)	11. 2179 *** (8. 03)	0. 2019 *** (3. 30)	0. 5288 *** (7. 87)
FDI	531. 3918 (1. 11)	- 969. 1689 *** (- 3. 91)	- 25. 9694 ** (- 2. 40)	- 18. 0450 ** (- 1. 51)
$Invest$	0. 3410 *** (3. 48)	- 0. 2000 *** (- 3. 92)	0. 0060 *** (2. 68)	- 0. 0082 *** (- 3. 33)
$\ln POP$	0. 4427 (0. 29)	- 1. 6672 ** (- 2. 09)	- 0. 0289 (- 0. 83)	- 0. 1124 *** (- 2. 93)
$Structure$	- 1. 1016 *** (- 8. 19)	- 0. 0650 (- 0. 93)	0. 0090 *** (2. 96)	0. 0003 (- 0. 07)
$\ln Area$	- 9. 4028 *** (- 5. 52)	- 2. 9482 *** (- 3. 33)	0. 0771 ** (1. 99)	0. 0898 ** (2. 11)
$Tech$	96. 4808 (0. 99)	20. 1829 (0. 40)	1. 5847 (0. 72)	10. 0374 *** (4. 11)
$Deficit$	- 113. 85 *** (- 3. 93)	- 107. 0467 *** (- 7. 11)	- 0. 7872 (- 1. 20)	- 4. 6586 *** (- 6. 44)
ρ	0. 9198 *** (22. 26)	0. 5736 *** (3. 79)	0. 4212 *** (2. 12)	0. 7952 *** (9. 05)

注: *** 、 ** 、 * 分别表示变量在1% 、5% 、10% 的显著性水平下显著, 括号里的数值是 Z 统计量。

为了方便比对结果, 表4-7 和表4-8 包含了四种模型的系数估计结果, 分别是被解释变量为工业二氧化硫、工业烟尘、工业废水和综合指标的空间滞后模型。研究发现, 地方政府在环境规制方面存在着明显的模仿行为, 并且会随着决策环境的不同做出相应的反应, 由回归的结果可知:

(1) 地方政府在环境规制上存在着明显的策略互补。空间滞后系数 ρ 在 1% 的显著性水平下显著为正, 说明地方政府间在环境规制上存在着明显的模仿行为, 这意味着处在竞争环境的对手采取宽松的环境规制时, 有竞争关系的地区也会选择相应地降低环境规制的标准, 以达到环境规制趋向平衡的目的。

（2）从策略互动的强度上来看，地理空间权重矩阵比经济空间权重矩阵下的环境规制估计系数高。说明相对于经济因素，地理因素是地方政府环境规制策略行为中更重要的影响因素，地理距离越近，不仅是经济，还有社会环境和政治因素等其他因素越相近，尤其是同属于同一省份或地区的城市之间，在环境规制策略互动时更倾向于以地理距离为标尺。

（3）不同被解释变量进行回归时，呈现一致但有明显差异的地方政府环境规制策略互动。流动性强或者划分界限模糊的污染物环境规制回归系数明显大于较稳定的污染物，工业二氧化硫的环境规制回归系数明显大于工业烟尘和工业废水的回归系数，这一结果在地理空间权重矩阵和经济空间权重矩阵下都得以验证。

（4）控制变量的回归结果。财政分权的回归系数均为正，财政分权提高了环境规制强度，财政自由度越高说明地方政府自己做主的范围越广，地方政府为了实现吸引其他地区的生产要素的目的实行较高强度的环境规制；对于人均生产总值，当被解释变量为工业二氧化硫时，一次项回归系数为正，当被解释变量为工业烟尘、工业废水和综合指数时，一次项回归系数为负，二次项系数恰好与一次项系数情况相反，说明当被解释变量为工业二氧化硫时，与经典的EKC假说不同，意味着环境规制水平随着经济水平的提升呈现先下降后上升的趋势，这是由工业二氧化硫排放相关产业先发展后治理导致的，当被解释变量为工业烟尘、工业废水和综合指数时，人均生产总值与被解释变量呈倒"U"型曲线关系，符合经典的EKC假说，意味着在样本研究期间，我国存在烟尘、工业废水和综合工业污染物的EKC曲线；外商直接投资在被解释变量为工业烟尘、工业废水和综合指数时回归系数为负，说明整体上弱化了环境规制，这是因为为争夺外商投资放宽了环境规制强度，形成环境规制低水平平衡；地方政府决策在被解释变量为工业二氧化硫和工业废水时回归系数为正，在被解释变量为工业烟尘和综合指数时回归系数为负，但回归系数的绝对值很小，说明地方政府决策并不是直接影响环境规制的主要因素；人口密度在被解释变量为工业烟尘、工业废水和综合指数时回归系数为负，降低了环境规制强度，当一个地区人口密度增大时，就业压力会随着增大，为缓解就业压力地方政府会鼓励发展就业人数多的行业，故而放松环境规制强度，当被解释变量为工业二氧化硫时回归系数为正，强化了环境规制，这可以解释为当一个地区人口密度增大时，严重影响人们身体健康且明显的行业会受到环境规制制约；产业结构的回归系数均为负，弱化了环境规制，本章所采用的产业结构指数是第二产业增加值占地区生产总值的比重，当第二产业相较于第一产业和第三产业发展迅速时，工业污染物排放量绝对值和比例必定增加，为了稳固当地经济发展平衡，地方政府通过放松环境规制，以确保经济不受到影响；城区建设面积回归系数均为负，城乡建设面积反映的是一个地区的城市扩张水平，也是城镇化的重要衡量指标，各地区为了加速城区面积扩张放松了环境规制；科技水平回归系数均为正，说明科技对环境规制有正向影响，这可以解释为，当科技投入增加或者科技发展水平提高有利于提高经济发展的质量和改善环境质量的能力，并且高科技产业的发展对环境提出了更高要求，迫使地方政府不得不进行改革；财政赤字回归系数均为负，对环境规制的影响为反向的，说明在短期财政收入和长期环境治理之中，地方政府选择放弃收益较低的环境治理。

（三）稳健性检验

为了提高本章所得结果的可靠性，在模型中引入经济地理空间权重矩阵和经济地理嵌套空间权重矩阵，表4-9和表4-10是模型稳健性检验各个变量的系数估计结果，由表4-9和表4-10可知，空间滞后系数 ρ 在1%显著性水平下显著为正，并且在地理空间权重矩阵下高于其他三种空间权重矩阵，再次验证了地理距离是地方政府在环境规制策略互动的首要考量因素，其他控制变量系数方向基本保持一致性。

表4-9　　　　经济地理空间权重矩阵的模型稳健性检验结果

变量	$ER_{it}^{so_2}$	ER_{it}^{dusty}	ER_{it}^{water}	ER_{it}^{index}
FD	113. 8712 *** (4. 84)	136. 6965 *** (11. 17)	1. 1448 ** (2. 14)	3. 1245 *** (5. 31)
lnPGDP	119. 2714 ** (2. 06)	− 254. 3347 *** (− 8. 43)	− 4. 0365 ** (− 3. 06)	− 11. 4786 *** (− 7. 91)

变量	$ER_{it}^{so_2}$	ER_{it}^{dusty}	ER_{it}^{water}	ER_{it}^{index}
$\ln^2 PGDP$	− 6. 2668 ** (− 2. 33)	11. 2179 *** (8. 03)	0. 2019 *** (3. 30)	0. 5288 *** (7. 87)
FDI	531. 3918 (1. 11)	− 969. 1689 *** (− 3. 91)	− 25. 9694 ** (− 2. 40)	− 18. 0450 ** (− 1. 51)
$Invest$	0. 3410 *** (3. 48)	− 0. 2000 *** (− 3. 92)	0. 0060 *** (2. 68)	− 0. 0082 *** (− 3. 33)
$\ln POP$	0. 4427 (0. 29)	− 1. 6672 ** (− 2. 09)	− 0. 0289 (− 0. 83)	− 0. 1124 *** (− 2. 93)
$Structure$	− 1. 1016 *** (− 8. 19)	− 0. 0650 (− 0. 93)	− 0. 0090 *** (− 2. 96)	− 0. 0003 (− 0. 70)
$\ln Area$	− 9. 4028 *** (− 5. 52)	− 2. 9482 *** (− 3. 33)	− 0. 0771 ** (− 1. 99)	− 0. 0898 *** (− 2. 11)
$Tech$	96. 4808 (0. 99)	20. 1829 (0. 40)	1. 5847 (0. 72)	10. 0374 *** (4. 11)
$Deficit$	− 113. 8529 *** (− 3. 93)	− 107. 0467 *** (− 7. 11)	− 0. 7872 (− 1. 20)	− 4. 6586 *** (− 6. 44)
ρ	0. 8646 *** (12. 51)	0. 4875 *** (3. 33)	0. 4646 *** (2. 80)	0. 6807 *** (5. 56)

注：***、**、*分别表示变量在1%、5%、10%的显著性水平下显著，括号里的数值是 Z 统计量。

表 4 - 10　　经济地理嵌套空间权重矩阵的模型稳健性检验结果

变量	$ER_{it}^{so_2}$	ER_{it}^{dusty}	ER_{it}^{water}	ER_{it}^{index}
FD	110. 4956 *** (4. 81)	136. 1772 *** (11. 16)	1. 2018 ** (2. 25)	3. 2371 *** (5. 58)
$\ln PGDP$	112. 7355 ** (1. 99)	− 252. 4417 *** (− 8. 38)	− 4. 0579 *** (− 3. 09)	− 11. 2064 *** (− 7. 83)
$\ln^2 PGDP$	− 5. 9377 ** (− 2. 27)	11. 1349 *** (7. 98)	0. 2016 *** (3. 32)	0. 55168 *** (7. 80)

续表

变量	$ER_{it}^{so_2}$	ER_{it}^{dusty}	ER_{it}^{water}	ER_{it}^{index}
FDI	543. 8076 (1. 17)	−969. 4122 *** (−3. 92)	−27. 7809 *** (−2. 57)	−20. 8162 * (−1. 77)
Invest	0. 3299 *** (3. 45)	−0. 1974 *** (−3. 88)	0. 0057 *** (2. 58)	−0. 0082 *** (−3. 41)
lnPOP	0. 5159 (0. 34)	−1. 6654 ** (−2. 09)	−0. 0260 (−0. 75)	−0. 1013 *** (−2. 67)
Structure	−1. 0657 *** (−8. 12)	−0. 0656 (−0. 94)	−0. 0090 *** (2. 94)	−0. 0005 (−0. 14)
lnArea	−9. 1726 *** (−5. 52)	−2. 9611 *** (−3. 35)	0. 0787 ** (2. 04)	0. 0913 ** (2. 17)
Tech	94. 6345 (0. 99)	19. 2363 (0. 38)	1. 6419 (0. 74)	9. 0557 *** (3. 76)
Deficit	−112. 3445 *** (−3. 98)	−106. 1181 *** (−7. 06)	−0. 8395 (−1. 28)	−4. 4999 *** (−6. 30)
ρ	0. 8468 *** (11. 51)	0. 3540 *** (1. 16)	0. 4350 *** (2. 31)	0. 7370 *** (6. 46)

注：*** 、 ** 、 * 分别表示变量在1%、5%、10%的显著性水平下显著，括号里的数值是 Z 统计量。

观察所有的回归结果可以总结出，开放水平在被解释变量为工业二氧化硫时不显著，原因可能是二氧化硫是衡量空气环境质量的重要指标，无论开放水平如何，都无法影响二氧化硫排放量，因为一直追求的是低二氧化硫密度。人口密度在被解释变量为工业二氧化硫或工业废水时不显著，可以解释为人口密度不会影响工业规模或者采取相关措施控制这些污染物的排放。产业结构在被解释变量为工业烟尘或综合指数时不显著，本节的产业结构是第二产业增加值占地区生产总值的比重，可以产生工业烟尘排放的行业几乎是固定的，产业结构难以改变工业烟尘排放量。教育水平只在被解释变量为综合指数时显著，一个地区的教育难以直接影响污染物的排放，只能间接产生影响，所以难以体现出来显著影响。财政赤字在被解释变量为工业废水时不显著，财政赤字一般对大型工业产业有较大影响，可以产生工业废水的产业往往生产需求和能力都不足，所以财政赤字几乎影响不到工业废水的排放。除此之外，其他控制变量的所有情况都显著，说明指标选取比较科学，具有一定说服力。

第五节　研究结论与政策建议

一、研究结论

在当前研究背景下，本章通过相关文献的梳理，结合国内外学者的研究成果，分析地方政府环境规制机理，建立空间滞后模型，以我国 272 个地级以上城市为研究样本，基于 2007～2016 年面板数据，对地方政府环境规制策略互动进行实证分析，研究得到以下结论：

（1）城市间环境污染表现出空间正相关性，邻近地区的环境污染能够加剧本地区的环境污染。四种环境规制指数在四种空间权重下的空间自相关检验均为正，无论是工业二氧化硫、工业烟尘、工业废水还是综合指数，对本地区产生污染时必定会影响到相邻地区，这是由于环境具有外部性，也是地方政府会在环境规制策略互动的原因所在。

（2）地方政府环境规制存在互补的策略互动行为。处在竞争环境的地区会跟随竞争对手采取宽松的环境规制时，相应地调整环境规制的标准，以达到环境规制趋向平衡的目的。地方政府环境规制很难做到独善其身，本地区的单边治理难以实施，其他竞争地区会进行环境规制上的策略模仿，使得环境规制达到一个低水平的平衡状态，甚至会出现本地区污染物不治理，任由其流入其他地区而出现"搭便车"现象。

（3）地方政府环境规制策略互动行为对不同污染物有着不同的反应程度。策略竞争会随着污染物的不同而进行调整，流动性强或者划分界限模糊的污染物环境规制回归系数明显大于较稳定的污染物，工业二氧化硫的环境规制回归系数明显大于工业烟尘和工业废水的回归系数，这一结果在四种空间权重下都得以验证。从环境规制的综合指数来看，工业二氧化硫使得政府间环境规制策略互动更频繁。

（4）地理因素是地方政府环境规制策略互动的最为重要的影响因素。其原因有：污染物具有流动性，由于不得不消除邻近地区流入的污染物，本地区迫于选择进行模仿行为。我国同省的城市往往采取相似的环境规制强度或方式，或者特定划分地区实行特殊环境规制，导致地理距离越近的地方政府环境规制的策略互动影响越大。

二、政策建议

根据本章结论显示，地方政府为了吸引生产要素和出于自己政绩考核出发，往往出现环境规制模仿行为和"搭便车"现象，一些地方政府为了规避自身的环境治理成本或者撇清环境治理的责任，任由污染物流向邻近地区，长此以往会出现恶性循环。针对这一问题，本章给出以下政策建议：

（1）加强环境治理和监督集权，从整体上把控环境保护。中央政府应该发挥环境监控和主导监管的权利，加强对地方政府的监督，严格执行中央政府的环保政策，使得地方政府更好地认清自己的环境职责。严格把控地方政府排污许可资质，这是避免乱排污的源头。

（2）明确环保区域，协调地区间利益。对于环境职责管理模糊的区域进一步明确规划责任，避免出现污染物得不到处理的现象发生，对于难以划分区域，可实行跨区域联合治理的办法，由中央政府协调各地方政府，确保各地区公平受益，有效缓解地方政府之间的矛盾。

（3）完善考核体系，融入环保考核指标。在地方政府的政绩考核中，加入环境保护、资源保护、环境治理等指标，提高生态质量的地位，完善地区环境保护体系，也可通过社会舆论监督等方式规范政府在环境规制方面的工作，把绿色 GDP 放到更重要的位置。

（4）完善生态补偿，明确监管职责。为杜绝地方政府在环境规制方面的

"搭便车"行为，建立惩罚机制，因为本地区污染物排放未得到有效及时的治理而造成的损失，应当由专业权威部门给出对应的补偿标准，追求造成环境污染危害的企业和当地政府的责任。目前我国很多地区已经提出且正在进行高质量发展，取得不错的成绩。

第五章

环境政策选择对长江经济带
高质量发展实证研究

第一节　长江经济高质量发展现状

　　长江经济带覆盖我国 11 个省市，是我国经济发展的重要支撑，它拥有丰富的自然资源、雄厚的经济和科技实力，长江经济带的生态环境问题在目前形势下尤为重要。中共十九大报告指出中国经济已由高速增长阶段转向高质量增长阶段，而长江经济带发展对推动我国经济高质量发展具有关键性作用，因此，政府高度重视长江经济带生态修复和环境保护工作。2017 年，环境保护部等部门联合编制《长江经济带生态环境保护规划》，明确了长江经济带环境治理的方向和目标，对推动长江经济带高质量发展具有十分重要的意义。2018 年 4 月，习近平总书记在长江经济带发展座谈会上强调推动长江经济带发展是关系国家发展全局的重大战略，明确指出推动长江经济带发展必须坚持生态优先、绿色发展理念。

创新是经济高质量发展的不竭动力，但是经济高质量发展不仅依赖于本国技术进步，还受到国外先进技术的影响，而外商直接投资的引进是获取国外先进技术的重要途径。改革开放以来，我国一直积极引进外资，外资规模也在不断扩大，2014年，我国成为全球吸收外资最多的国家，规模达到1196亿美元。外资的增加对我国经济增长起到了重要的推动作用，但是经济增长不等于经济高质量发展，那么外商直接投资对中国经济高质量发展发挥怎样的作用呢？当前的环境规制是否能够助推经济高质量发展呢？鉴于此，本章以长江经济带106个地级及以上城市为研究对象，构建地区经济高质量发展评价体系，并采用熵值法进行测度，运用空间计量模型和动态面板模型实证研究环境规制和外商直接投资对经济高质量发展的影响，为推动长江经济带经济高质量发展的政策的制定提供一定的依据，促使长江经济带成为引领我国经济高质量发展的生力军。

第二节　文献综述

本章的研究主要涉及环境规制、外商直接投资和经济高质量发展之间关系研究，为了能够对已有研究进行归纳分析，本章主要从三个方面进行综述：首先，特别是经济高质量发展是2017年中共十九大首次提出的新表述，对于怎么样测度经济高质量发展，给出学者们自己的观点；其次，对环境规制与经济高质量发展进行相关研究；最后，对外商直接投资与经济高质量发展进行相关研究。

一、经济高质量发展水平测度相关研究

随着中国经济转向高质量发展阶段，经济高质量发展水平的测度受到了学者们的广泛关注。综合现有的研究来看，学者们主要从狭义和广义两个维

度测度经济高质量发展水平。在狭义测度方面，陈诗一和陈登科（2018）使用劳动生产率衡量经济发展质量水平；贺晓宇和沈坤荣（2018）、马茹等（2019）使用全要素生产率衡量经济高质量发展水平；田素华等（2019）使用 GDP、人均 GDP、全要素生产率等指标分别衡量经济高质量发展水平。在广义测度方面，童纪新和王青青（2018）从规模性、协调性、开放性和共享性四个方面测度经济发展质量；马茹等（2019）从高质量供给、高质量需求、发展效率、经济运行和对外开放五个维度测度经济高质量水平；张震和刘雪梦（2019）从经济发展动力、新型产业结构、交通信息基础设施等七个维度评价经济高质量发展；华坚和胡金昕（2019）、魏蓉蓉（2019）基于"创新、协调、绿色、开放、共享"五大发展理念构建经济高质量发展评价体系。

二、环境规制与经济高质量发展的相关研究

通过梳理相关文献，关于环境规制与经济增长之间的关系，主要有三种观点，分别是环境规制促进经济增长、环境规制抑制经济增长、环境规制和经济增长之间存在非线性关系。

（1）环境规制促进经济增长。这类观点主要来源于"波特假说"（Porter，1996），认为合适的环境规制政策能够倒逼企业技术创新，通过"创新补偿"效应，不仅能够抵消环境规制政策给企业带来的成本，而且可以提高企业的市场竞争力、增加企业的效益，从而促进经济增长，推动经济与环境共同发展，不少学者的研究也支撑了此观点。杨等（Yang et al，2012）使用我国台湾地区 1997～2003 年期间的工业行业面板数据，研究发现环境规制能够促使工业生产率提高；浜本（Hamamoto，2006）使用日本制造业数据研究发现环境规制能够刺激研发投资增加，提高全要素生产率的增长率；王兵和刘光天（2015）通过 1999～2012 中国省级面板数据发现节能减排能够促使绿色全要素生产率增长。

（2）环境规制抑制经济增长。这类观点主要来源于"遵循成本说"，认为环境规制政策会产生挤出效应，使得用于企业生产的部分资金用于环境治

理，增加了企业的生产成本，从而降低企业的生产效率。钦特拉卡恩（Chin-trakarn，2008）利用美国 48 个州 1982～1994 年的数据研究发现环境规制降低了美国各州的技术效率。乔根森和威尔科森（Jorgenson and Wilcoxen，1990）同样研究发现环境规制不利于生产率增长。

（3）环境规制和经济增长之间存在非线性关系。陶静和胡雪萍（2019）研究发现环境规制与中国经济增长质量呈倒"U"型曲线关系；张成等（2011）研究发现东西部地区环境规制和企业生产技术进步率呈"U"型曲线关系；王群勇和陆凤芝（2018）研究发现环境规制与经济增长质量之间存在门槛效应。

三、外商直接投资与经济高质量发展的相关研究

关于外商直接投资与经济高质量发展之间的关系主要有两种观点。第一，外商直接投资能够提升经济增长质量。这类观点主要基于"污染光环假说"，认为外商直接投资可以通过技术外溢效应，促进东道国节能环保技术的发展和资源利用率的提高，从而有利于东道国生产率的提升。麦克道格尔（Mac-dougall，1960）研究发现外商直接投资可以通过技术外溢效应提高东道国的福利；斯劳特（Slaughter，2002）认为外商直接投资可以减少技术落后国家的人力资本的流失，促进其研发水平；随洪光（2013）利用中国省级面板数据研究发现外商直接投资能够促进中国经济增长质量提升；杨冕和王银（2016）研究发现外商直接投资对环境全要素生产率具有显著的促进作用；田素华（2019）研究发现外商直接投资通过竞争、联系和模仿效应促进中国经济增长质量。第二，外商直接投资不利于经济增长质量的提升。这类观点主要认为发达国家具有严格的环境规制标准，这促使发达国家的一些污染企业迁入到环境标准相对较弱的发展中国家，导致污染排放增加，从而不利于东道国经济增长质量的提升。杨俊和邵汉华（2009）发现外商直接投资不利于我国工业生产率的提高；艾哈迈德（Ahmed，2012）通过马来西亚 1999～2008 年的季度数据发现外商直接投资对全要素生产率有负向影响。

通过文献回顾可以发现，现有的文献大多以全要素生产率作为经济高质

量的替代变量，而且现有的文献大多分开研究环境规制、外商直接投资对经济高质量的影响，将二者纳入同一实证研究框架中的文献不多。本章的贡献在于：首先，基于"创新、协调、绿色、开放、共享"五大发展理念构建经济高质量评价体系，并采用熵值法进行测度；其次，将环境规制和外商直接投资纳入同一个框架中，并通过长江经济带地级及以上城市面板数据实证研究二者对长江经济带经济高质量发展的影响；最后，运用空间滞后模型和动态面板模型进行分析，保证结果的稳健性。

第三节　模型变量说明和模型设定

一、变量选取和说明

为了研究环境规制和外商直接投资对经济高质量发展的影响，本章的被解释变量为经济高质量发展指数，主要通过经济高质量发展的指标进行合成得到。在参考现有文献的基础上，基于"创新、协调、绿色、开放、共享"五大发展理念，遵循科学性、系统性和数据可获得性原则，构建经济高质量发展指标体系。具体指标如表 5 – 1 所示。

表 5 – 1 　　　　　　　　　经济高质量发展指标体系

二级指标	分项指标	三级指标	属性
创新发展	效率	劳动生产率	正向
		资本生产率	正向
		全要素生产率变化率	正向
	科技投入	科学支出占财政支出比重	正向
	人力资本	每万人普通高等学校在校学生数	正向

二级指标	分项指标	三级指标	属性
协调发展	产业协调	第三产业增加值比重	正向
	消费结构	消费率	正向
	投资结构	投资率	正向
	区域协调	地区人均实际 GDP／全国人均实际 GDP	正向
	城乡协调	城乡收入比	负向
	就业机会	城镇登记失业率	负向
绿色发展	资源消耗	全社会用电量/GDP	负向
		全社会供水量/GDP	负向
	环境污染	工业 SO_2 排放量/GDP	负向
		工业废水排放量/GDP	负向
开放发展	外贸开放	进出口总额/GDP	正向
	金融开放	金融机构存贷款余额/GDP	正向
共享发展	经济共享	实际人均 GDP	正向
		职工平均工资	正向
	社会共享	人均城市道路面积	正向
		每万人公共交通数量	正向
		人均教育经费	正向
		万人医疗床位数	正向
		建成区绿化覆盖率	正向

其中，全要素生产率变化率：参考詹新宇和崔培培（2016）的做法，选取资本存量和劳动力作为投入指标，地区生产总值作为产出指标，使用 DEA-Malmquist 指数法，运用 DEAP 2.1 软件对全要素生产率变化率进行测算。其中，资本存量采用永续盘存法 $K_t = (1 - \delta_t) K_{t-1} + I_t / P_t$ 进行测算，K_t、I_t 分别表示第 t 年的实际资本存量和全社会固定资产投资额，P_t 表示固定资产投资价格指数，δ_t 表示折旧率，借鉴张军等（2004）的做法，设定为 9.6%；关于基期资本存量的确定，参考余泳泽等（2019）的做法，本章以 2003 年为

基期，城市层面的基期资本存量由各省份 2003 年固定资本存量按当年各市占各省份的全社会固定资产投资的比重来确定，固定资产投资额利用地级市所在省份的固定资产投资价格指数折算为 2003 年不变价；劳动力指标为单位从业人数与私营和个体从业人员数之和；地区生产总值采用地级市所在的省份的居民消费价格折算为 2007 年不变价。

借鉴魏敏和李书昊（2018）的做法，运用熵值法对长江经济带各个城市的经济高质量发展指数进行测算，具体步骤为，首先对指标进行标准化处理，计算公式为：

正向指标：

$$X_{ij} = \frac{x_{ij} - \min(x_j)}{\max(x_j) - \min(x_j)} \tag{5.1}$$

负向指标：

$$X_{ij} = \frac{\max(x_j) - x_{ij}}{\max(x_j) - \min(x_j)} \tag{5.2}$$

其中，X_{ij} 表示第 i 个地级市第 j 项指标经过标准化处理后的值，x_{ij} 表示第 i 个地级市第 j 项指标的原始值，$\max(x_j)$ 和 $\min(x_j)$ 为第 j 项指标的最大值和最小值。计算各项指标的信息熵，计算公式为：

$$e_j = -\frac{1}{\ln n} \sum_{i=1}^{n} \left(\frac{X_{ij}}{\sum_{i=1}^{n} X_{ij}} \times \ln \frac{X_{ij}}{\sum_{i=1}^{n} X_{ij}} \right), n = 1,2,3,\cdots,106 \tag{5.3}$$

计算各项指标的权重，计算公式为：

$$w_j = \frac{1 - e_j}{\sum_{j=1}^{m} 1 - e_j}, m = 1,2,3,\cdots,24 \tag{5.4}$$

将各个指标的标准化值与对应的权重相乘，得到长江经济带各个地级市的经济高质量发展指数 Q_i，Q_i 的值越大，表示经济高质量发展水平越高。

$$Q_i = \sum_{j=1}^{m} w_j X_{ij} \tag{5.5}$$

（一）核心解释变量

核心解释变量主要包括：

（1）环境规制：本章参考赵霄伟（2014）的做法，选取工业二氧化硫排放量、工业烟尘排放量、工业废水排放量三项指标综合衡量城市的环境规制强度，具体步骤为，计算第 j 项污染物的相对排放强度，计算公式为：

$$Em_{ijt} = (e_{ijt}/y_{it})/(\sum_{i=1}^{106} e_{ijt}/\sum_{i=1}^{106} y_{it}) \tag{5.6}$$

其中，e_{ijt} 表示第 t 年第 i 城市第 j 种污染物的排放量，y_{it} 表示第 t 年第 i 城市的实际工业总产值。环境规制强度指数，计算公式为：

$$ENV_{it} = \frac{1}{3}(Em_{i1t} + Em_{i2t} + Em_{i3t}) \tag{5.7}$$

由于 ENV_{it} 的值越大，环境规制强度越弱，因此取其倒数 EN 衡量环境规制强度。

（2）外商直接投资：选取实际利用外商直接投资额占地区生产总值的比重来度量，并利用当年年平均汇率将实际利用外商直接投资额的单位换算为人民币。

（二）控制变量

本章的控制变量主要包括：

（1）人力资本：鉴于数据的可获得性，选取每万人普通高等学校在校生数来衡量地区的人力资本水平。

（2）产业结构：选取第二产业增加值占地区生产总值的比重来度量。

（3）政府支出：采用地区一般预算内财政支出占地区生产总值的比重来表示。

（4）环境污染：本章使用 PM2.5 浓度衡量各个城市的环境污染状况。由于部分指标 2017 年的数据未公布，基于数据的可获得性，本章选取 2007 ~ 2016 年长江经济带 106 个地级及以上城市（不包括安徽省的巢湖市、四川省的资阳市和巴中市以及贵州省的安顺市和毕节市）的面板数据进行分析。雾霾污染数据来源于哥伦比亚大学发布的 2007 ~ 2016 年分年度世界 PM2.5 密度图，其余数据来自《中国城市统计年鉴》《中国区域经济统计年鉴》《中国城市建设统计年鉴》以及各个城市的统计年鉴和统计公报、国家统计局以及 EPS 全球统计数据库，将变量缺失严重的地区剔除，部分地区个别年份数据缺失利用插补法补齐。此外，将 2007～2010 年巢湖市的数据并入合肥市。对变量进行描述性统计，具体如表 5-2 所示。

表5-2　　　　　　　　　　标量描述性统计

变量	含义	平均值	标准差	最小值	最大值
lnQ	经济高质量发展指数	-1.4947	0.4132	-2.4210	-0.3120
lnEN	环境规制	-0.3399	0.7952	-4.2903	1.7124
lnFDI	外商直接投资	0.3341	1.1454	-5.1288	2.2319
lnHCAP	人力资本	4.6367	1.0065	2.1039	7.1471
lnIND	产业结构	3.8948	0.1810	3.0559	4.3289
lnGOV	政府支出	2.8341	0.4077	1.8690	5.0007
lnPM	环境污染	3.6194	0.4058	1.9793	4.2466

二、空间自相关性检验

本章使用 Moran's I 指数对经济高质量指数进行空间自相关性检验，其计算公式为：

$$\text{Moran's I} = \frac{\sum_{i=1}^{106}\sum_{j=1}^{106} w_{ij}(x_i - \bar{x})(x_j - \bar{x})}{\sum_{i=1}^{n}\sum_{j=1}^{n}(x_i - \bar{x})^2} \tag{5.8}$$

其中，x_i、x_j 分别为第 i 城市、第 j 城市的经济高质量发展指数，w_{ij} 为经过行标准化的空间权重矩阵的元素。当其值大于 0 时，说明经济高质量发展表现出空间正自相关性，当其值小于 0 时，说明经济高质量发展表现出空间负自相关性。本章构造地理空间权重矩阵和经济空间权重矩阵。

（1）地理空间权重矩阵：利用城市的经纬度测算两个城市之间的距离，并将距离的倒数作为权重矩阵的元素。

（2）经济距离空间权重矩阵：空间权重矩阵的元素为两个城市在样本研究期间的实际人均地区 GDP 的平均值差的绝对值的倒数。表 5-3 是两种空间矩阵下的全局空间自相关检验结果。由表 5-3 可知，无论是地理空间权重矩阵还是经济空间权重矩阵，经济高质量发展指数的 Moran's I 值均显著为正，说明经济高质量指数存在空间正自相关性。

表 5-3　　　　　　　　　　2008~2016 年空间自相关性检验结果

年份	地理空间权重矩阵			经济空间权重矩阵		
	Moran's I 值	Z 值	p 值	Moran's I 值	Z 值	p 值
2008	0.206***	13.751	0.000	0.551***	10.262	0.000
2009	0.201***	13.409	0.000	0.543***	10.128	0.000
2010	0.207***	13.778	0.000	0.561***	10.454	0.000
2011	0.188***	12.583	0.000	0.551***	10.269	0.000
2012	0.190***	12.690	0.000	0.542***	10.103	0.000
2013	0.177***	11.882	0.000	0.534***	9.967	0.000
2014	0.151***	10.290	0.000	0.527***	9.865	0.000
2015	0.153***	10.369	0.000	0.509***	9.502	0.000
2016	0.159***	10.757	0.000	0.528***	9.861	0.000

注：***、**、* 分别表示变量在 1%、5%、10% 的显著性水平下显著。
资料来源：根据 STATA 15.1 运行结果并由笔者整理得到。

三、模型设定

由空间自相关性检验结果可知，本章需要建立空间面板模型分析环境规制和外商直接投资对经济高质量发展的影响，如果误差项具有空间自相关性，模型设定为空间误差模型，即：

$$\ln Q_{it} = \beta_o + \beta_1 \ln EN_{it} + \beta_2 \ln FDI_{it} + \beta_3 \ln HCAP_{it} + \beta_4 \ln IND_{it}$$
$$+ \beta_5 \ln GOV_{it} + \beta_6 \ln PM_{it} + \varepsilon_{it} \tag{5.9}$$

$$\varepsilon_{it} = \lambda_t \sum_{j=1}^{106} w_{ij} \varepsilon_{jt} + \varphi_{it} \tag{5.10}$$

其中，ε_{it} 表示随机扰动项，λ_t 表示空间误差系数。如果邻近地区的经济高质量发展指数对本地区的经济高质量发展指数有影响，则模型设定为空间滞后模型：

$$\ln Q_{it} = \beta_o + \rho \sum_{j=1}^{106} w_{ij} \ln Q_{jt} + \beta_1 \ln EN_{it} + \beta_2 \ln FDI_{it} + \beta_3 \ln HCAP_{it}$$
$$+ \beta_4 \ln IND_{it} + \beta_5 \ln GOV_{it} + \beta_6 \ln PM_{it} + \varepsilon_{it} \quad\quad (5.11)$$

为了进一步研究环境规制与外商直接投资对经济高质量发展的影响，本章将去中心化处理后的环境规制与外商直接投资的交互项引入到模型中去，则空间误差模型设定为：

$$\ln Q_{it} = \beta_o + \beta_1 \ln EN_{it} + \beta_2 \ln FDI_{it} + \beta_3 \ln EN_{it} \times \ln FDI_{it} + \beta_4 \ln HCAP_{it}$$
$$+ \beta_5 \ln IND_{it} + \beta_6 \ln GOV_{it} + \beta_7 \ln PM_{it} + \varepsilon_{it} \quad\quad (5.12)$$

$$\varepsilon_{it} = \lambda_t \sum_{j=1}^{106} w_{ij} \varepsilon_{jt} + \varphi_{it} \quad\quad (5.13)$$

空间滞后模型为：

$$\ln Q_{it} = \beta_o + \rho \sum_{j=1}^{106} w_{ij} \ln Q_{jt} + \beta_1 \ln EN_{it} + \beta_2 \ln FDI_{it} + \beta_3 \ln EN_{it} \times \ln FDI_{it}$$
$$+ \beta_4 \ln HCAP_{it} + \beta_5 \ln IND_{it} + \beta_6 \ln GOV_{it} + \beta_7 \ln PM_{it} + \varepsilon_{it} \quad\quad (5.14)$$

第四节 实 证 研 究

一、模型选择检验

在进行空间面板回归之前，通常需要使用 LM 检验对空间误差模型和空间滞后模型做出选择，表 5 - 4 为 LM 检验结果。由表 5 - 4 可知，当权重矩阵为地理空间权重矩阵时，LM-Lag 、Robust LM-Error 和 Robust LM-Lag 检验统计量均在 5% 的显著性水平下显著，而 LM-Error 检验统计量在 10% 的显著性水平下显著，与 LM-Lag 检验统计量相比，LM-Error 检验统计量的显著性较低，说明空间滞后模型更适合。当权重矩阵为经济空间权重矩阵时，LM-Error 和 Robust LM-Error 检验统计量均未通过显著性检验，而 LM-Lag 和 Robust LM-Lag 检验统计量均在 1% 的显著性水平下显著，说明应该选择空间滞后模型。因此，本章选择空间滞后模型分析长江经济带环境规制和外商直接投资对经济高质量发展的影响。

表5-4   LM 检验结果

检验方法	地理空间权重矩阵		经济空间权重矩阵	
	统计量	p 值	统计量	p 值
LM-Error	3.716 *	0.054	0.967	0.325
Robust LM-Error	4.839 **	0.028	2.400	0.121
LM-Lag	4.228 **	0.040	7.814 ***	0.005
Robust LM-Lag	5.352 **	0.021	9.247 ***	0.002

注: ***、**、* 分别表示变量在 1%、5%、10% 的显著性水平下显著。

二、平稳性检验

为防止伪回归情况出现,通常在进行面板回归之前需要对变量的平稳性进行检验,本章采用 LLC 检验和 ADF 检验判别各个变量是否存在单位根,检验结果如表5-5所示。由表5-5可知,LLC 检验中,所有变量均在 1% 的显著性水平下强烈拒绝存在单位根的原假设;ADF 检验中,除了变量 $\ln IND$ 在 5% 的显著性水平下拒绝存在单位根的原假设,其余变量均在 1% 的显著性水平下拒绝存在单位根的原假设,因此,可以认为原始变量序列为平稳序列。

表5-5   单位根检验结果

变量	LLC 检验		ADF 检验	
	统计量	p 值	统计量	p 值
$\ln Q$	-18.8699 ***	0.0000	363.3220 ***	0.0000
$\ln EN$	-4.1241 ***	0.0000	329.0360 ***	0.0000
$\ln FDI$	-14.6482 ***	0.0000	285.1800 ***	0.0006
$\ln HCAP$	-13.2005 ***	0.0000	327.3010 ***	0.0000
$\ln IND$	-10.8808 ***	0.0000	258.5430 **	0.0160
$\ln GOV$	-14.9890 ***	0.0000	312.6460 ***	0.0000
$\ln PM$	-11.7158 ***	0.0000	372.2800 ***	0.0000

注: ***、**、* 分别表示变量在 1%、5%、10% 的显著性水平下显著。
资料来源:根据 EViews 7 运行结果并由笔者整理得到。

三、实证结果分析

表 5-6 给出了地理空间权重矩阵和经济空间权重矩阵下的空间误差模型和空间滞后模型的回归结果，模型①、模型③、模型⑤和模型⑦均不包含环境规制与外商直接投资的交互项，模型②、模型④、模型⑥和模型⑧均包含环境规制与外商直接投资的交互项，Hausman 检验结果表明选择固定效应模型，由于 LM 检验结果表明空间滞后模型更适合，本章仅分析空间滞后模型的回归结果，由表 5-6 可以发现以下影响：

（1）环境规制对经济高质量发展的影响：模型③和模型⑦中，环境规制对经济高质量发展具有显著的正向影响，系数分别为 0.0191、0.0146。当在模型中引入环境规制和外商直接投资的交互项时，模型④和模型⑧中环境规制的影响系数均在 1% 的显著性水平下显著为正，系数值分别为 0.0233、0.0180，系数值均有所上升。说明提高环境规制强度，有利于长江经济带经济高质量发展，这一结论与"波特假说"相符，提高环境规制强度，能够倒逼企业技术创新，从而产生"创新补偿"效应，弥补环境规制给企业带来的成本，提高企业的生产率，有利于促进经济与环境协调发展。

（2）外商直接投资对经济高质量发展的影响：模型③中外商直接投资的影响系数在 5% 的显著性水平下显著，模型⑦中外商直接投资的影响系数在 10% 的显著性水平下显著，当在模型中引入外商直接投资与环境规制的交互项时，模型④和模型⑧中外商直接投资的影响系数均在 1% 的显著性水平下显著为正，系数分别为 0.0146、0.0132，说明外商直接投资的引进有利于经济高质量发展，这一结论响应了"污染光环"假说，外商直接投资可以通过技术溢出、示范、竞争等效应促进外资引入，有利于技术创新能力的提升、节能环保技术的发展以及促进地区资源利用率的提高，从而改善地区环境质量，推动地区经济高质量发展。

（3）环境规制与外商直接投资交互项对经济高质量发展的影响：权重矩阵为地理空间权重矩阵时，模型④中，环境规制与外商直接投资交互项系数均在 1% 的显著性水平下显著为正，系数为 0.0092；权重矩阵为经济空间权重矩阵时，模型⑧中，环境规制和外商直接投资的交互项系数在5%的显著性水平下显著。说明当地区环境规制强度不断增强时，外商直接投资水平的增加有利于促进地区经济高质量发展。这可以解释为，如果一个地区实施严格的环境规制政策，该地区对绿色生产技术的要求相对较高，而外商直接投资水平的增加有利于提高地区绿色技术创新能力和生产率水平。

（4）控制变量对经济高质量发展的影响：模型③、模型④、模型⑦和模型⑧中人力资本对经济高质量发展的影响系数均在1%的显著性水平下显著为正，说明人力资本的提升能够有力推动经济高质量发展，创新是经济发展的动力，而人力资本是创新发展的动力源泉，高素质人才的培养有利于国家科技创新能力的提升，从而推动经济高质量发展；产业结构对经济高质量发展的影响系数均在1%的显著性水平下显著为正；权重矩阵为地理空间权重矩阵时，政府支出对经济高质量发展的影响系数在统计上不显著，权重矩阵为经济空间权重矩阵时，政府支出的系数在10%的显著性水平下显著为负，说明政府支出对促进经济高质量发展没有显著的影响；模型③、模型④、模型⑦和模型⑧中环境污染对经济高质量发展的影响系数均显著为负。

表 5－6　　　　　　空间误差模型和空间滞后模型回归结果

变量	地理空间权重矩阵				经济空间权重矩阵			
	空间误差模型		空间滞后模型		空间误差模型		空间滞后模型	
	模型①	模型②	模型③	模型④	模型⑤	模型⑥	模型⑦	模型⑧
lnEN	0.0193*** (3.41)	0.0230*** (3.97)	0.0191*** (3.47)	0.0233*** (4.12)	0.0174*** (3.00)	0.0205*** (3.36)	0.0146** (2.45)	0.0180*** (2.94)
lnFDI	0.0077* (1.80)	0.0135*** (2.85)	0.0087** (2.14)	0.0146*** (3.24)	0.0069* (1.67)	0.0104** (2.25)	0.0084* (1.92)	0.0132*** (2.71)
lnEN×lnFDI		0.0088*** (2.79)		0.0092*** (2.97)		0.0054* (1.68)		0.0075** (2.24)
ln$HCAP$	0.0440*** (4.24)	0.0466*** (4.49)	0.0388*** (4.03)	0.0407*** (4.23)	0.0495*** (4.63)	0.0509*** (4.76)	0.0423*** (4.07)	0.0439*** (4.21)
lnIND	0.1261*** (3.05)	0.1185*** (2.87)	0.0953*** (3.08)	0.0866*** (2.80)	0.1344*** (3.11)	0.1288*** (2.97)	0.1362*** (4.07)	0.1294*** (3.86)

续表

变量	地理空间权重矩阵				经济空间权重矩阵			
	空间误差模型		空间滞后模型		空间误差模型		空间滞后模型	
	模型①	模型②	模型③	模型④	模型⑤	模型⑥	模型⑦	模型⑧
lnGOV	-0.0006 (-0.04)	-0.0009 (-0.06)	-0.0108 (-0.88)	-0.0104 (-0.85)	-0.0149 (-0.98)	-0.0147 (-0.96)	-0.0246* (-1.85)	-0.0242* (-1.82)
lnPM	-0.0183 (-0.54)	-0.0176 (-0.52)	-0.0497** (-2.30)	-0.0464** (-2.15)	-0.0800*** (-3.03)	-0.0789*** (-2.99)	-0.1269*** (-5.44)	-0.1247*** (-5.35)
ρ			0.8922*** (39.13)	0.8905*** (38.88)			0.6967*** (27.54)	0.6938*** (27.37)
λ	0.9196*** (47.89)	0.9192*** (47.74)			0.7401*** (30.11)	0.7385*** (29.92)		
R^2	0.1026	0.1626	0.2435	0.2762	0.1125	0.1626	0.2811	0.2886
Hausman 检验	14.4900 (0.0431)	18.4900 (0.0178)	14.5700 (0.0419)	19.2700 (0.0135)	17.1200 (0.0166)	20.9700 (0.0072)	21.4200 (0.0032)	23.2600 (0.0030)

注：***、**、*分别表示变量在1%、5%、10%的显著性水平下显著，括号里的数值是Z统计量，Hausman检验括号里的数值是p值。

四、稳健性检验

考虑到可能存在内生性问题，运用动态面板模型进行稳健性检验，由于是短面板数据，本章利用系统广义矩估计法中的两步估计法（系统GMM）对模型进行估计。在工具变量是否存在过度识别的检验中，利用Hansen检验统计量进行判断，并使用AR（2）检验统计量来判断残差项是否存在二阶序列自相关。表5-7给出了动态面板模型中各个变量的系数估计结果，模型⑨不包含环境规制与外商直接投资的交互项，模型⑩包含二者的交互项。AR(2)检验统计量的原假设为残差项不存在二阶自相关，Hansen检验统计量的原假设为工具变量的识别是有效的，不存在过度识别问题，由表5-7可知，AR(2)检验统计量和Hansen检验统计量的检验结果均表明接受原假设，即残差项不存在二阶序列相关问题，工具变量没有出现过度识别问题，说明回归结果具有一定的可靠性。

表5-7   动态面板系数估计结果

变量	模型⑨	模型⑩
L. lnQ	0.5748 *** (12. 22)	0.5452 *** (13. 90)
lnEN	0.1050 *** (5. 10)	0.1168 *** (5. 67)
lnFDI	0.0599 *** (4. 76)	0.0746 *** (5. 03)
lnEN × lnFDI		0.0510 *** (5. 36)
lnHCAP	0.0753 *** (5. 19)	0.0731 *** (4. 83)
lnIND	− 0.2808 *** (− 4. 61)	− 0.2363 *** (− 3. 77)
lnGOV	− 0.1572 *** (− 4. 87)	− 0.1629 *** (− 5. 17)
lnPM	− 0.2460 *** (− 6. 22)	− 0.2443 *** (− 6. 72)
常数项	1.4726 *** (3. 90)	1.2597 *** (3. 39)
AR(2)	0.6960	0.6970
Hansen 检验	0.2130	0.7080

注：***、**、*分别表示变量在1%、5%、10%的显著性水平下显著；括号内的数值是 Z 统计量值，AR（2）检验统计量和 Hansen 检验统计量给出的均为 p 值。

由各个变量的系数估计结果可知，环境规制对经济高质量发展的影响系数在1%的显著性水平下显著为正，意味着加强环境规制强度能够有力推动经济高质量发展；外商直接投资对经济高质量发展的影响系数同样在1%的显著性水平下显著为正，说明外商直接投资有利于长江经济带经济高质量发展；当在模型中引入环境规制和外商直接投资的交互项时，交互项系数显著为正，说明环境规制强度与外商直接投资的协同作用有利于促进经济高质量发展；人力资本的影响系数显著为正，人力资本的引进，有利于地区科技创新能力的提高，从而促进地区经济高质量发展；值得关注的是，产业结构的影响系数显著为负，表明第二产业比重增加，不利于长江经济带经济高质量发展，长江经济带应该继续优化产业结构，促进产业转型升级；政府支出和环境污染对经济高质量发展具有显著的负向影响。因此可以发现，动态面板模型与空间滞后模型各个变量的回归系数的方向基本保持一致，可见本章所得结论具有一定的稳健性。

第五节　研究结论与政策建议

一、研究结论

为探究环境规制和外商直接投资能否助推经济高质量发展，本章以中国长江经济带 106 个地级及以上城市为研究对象。首先，基于"创新、协调、绿色、开放、共享"五大发展理念构建经济高质量评价指标体系，并采用熵值法对各个地区经济高质量发展指数进行测度；其次，建立以经济高质量发展指数为被解释变量、环境规制和外商直接投资为核心解释变量的空间计量模型和动态面板模型。实证结果表明：

（1）环境规制强度对经济高质量发展具有显著的正向影响，加强环境规制强度能够助推长江经济带经济高质量发展，为"波特假说"提供了一定的经验依据。

（2）外商投资水平的增加有利于提高经济高质量发展水平。

（3）环境规制和外商直接投资的交互项对经济高质量发展具有显著的正向影响，当环境规制强度不断增加时，外商直接投资水平的增加有利于促进地区经济高质量发展。

二、政策建议

为推动长江经济带高质量发展，本章根据研究结论，提出如下政策建议：

（1）完善环境规制政策，加强环境规制强度。由于长江经济带过去片面追求 GDP，盲目引进不利于环境质量的高污染项目，导致生态环境遭受到严重的破坏，因此，长江经济带应该建立健全与环境保护相关的法律法规体系，加大环境执法力度，加强对高污染、高耗能产业的惩处力度，倒逼企业转型升级，激励企业进行技术创新，促进企业绿色环保技术的发展，通过"创新补偿"效应抵消环境规制给企业带来的生产成本，提高企业的生产率。

（2）扩大对外开放，积极引进高质量外商直接投资。引进外资时，要坚持绿色发展理念，拒绝引进高污染、高耗能外商直接投资项目，积极引进具有先进节能环保技术和管理经验的高质量外商直接投资，有效发挥外商直接投资的技术溢出、竞争和示范效应，促进环保技术的发展和资源利用率的提高，推动长江经济带经济与环境协调发展。

（3）加强对高素质人才的培养力度和创新型人才的引进力度，促进地区科技创新水平的提升。习近平总书记强调"人才是第一资源，创新是第一动力"，"强起来要靠创新，创新要靠人才"。[①] 因此，各个地区应该充分利用自身优势积极培养和引进高素质人才，充分发挥人力资本对经济高质量发展的正向促进作用。

---

① 2018 年 3 月 7 日，习近平在两会期间参加广东代表团审议时强调。

第六章

环境政策选择对绿色工业
全要素生产率影响研究

第一节　环境政策选择对绿色工业
全要素生产率影响现在

　　进入"十三五"时期后，伴随着中国经济快速发展而带来的问题是环境压力的不断增加，人们对环境质量的要求也越来越高。现今，政府在环境治理上的手段不断完善，从以管制型工具为主导、市场型工具为辅助逐渐演变成以管制型、市场型和自愿型政策工具相结合的形式。这说明仅依靠管制型手段已经不能满足控制环境污染的需求，在制定环境政策时，不仅要考虑政策实施的有效性，还要考虑政策实施过程中对经济发展的影响。在此背景下，中国为了实现碳减排，减少温室气体排放，在 2011 年底，国家发展改革委批准四市二省（北京市、上海市、天津市、重庆市、湖北省和广东省）开展碳排放交易试点工作。为了进一步加强政策力度，2017 年在全国范围启动碳排放权交易政策。随着我国排放权政策的不断完善，我国的排放权试点政策效果如何？是否实现"波特效应"？针对碳排放权试点政策，需要通过实证分析检验政策对碳排放的控制和对经济的影响。

近 30 多年来，政府主导的大规模投资和低要素成本优势带动了我国经济社会的飞速发展，由于现阶段企业创新能力不足致使全要素生产率较低，难以支撑当前经济的可持续良性增长。尤其现阶段我国经济社会进入以"中高速、优结构、新动力和多挑战"为主要特征的新常态，产业结构的调整与转型迫切需要企业转变发展模式、加快工业"绿色"清洁技术创新，以此改变中国工业高能耗、高污染、高排放的现状，实现工业经济由粗放型向生产率支撑型发展模式的转变。此外，由于当前中国资源环境的承载力已达到一定限度，设计更加多样化的市场规制工具已迫在眉睫。那么，市场型环境规制将会对中国工业发展带来阻力，还是会成为经济转型促进工业发展的重要驱动力？因此，对该问题的研究具有重要的现实意义。

第二节　文献综述

排污权机制起源于美国，科斯（Coase，1960）最早提出了排污权交易理论。达莱斯（Dales，1968）在科斯定理的理论前提下对排污权交易机制进行了详细阐述，其基本思想是通过总量控制来满足环境要求，然后在此基础上通过建立合法的污染物排放权来形成市场，进而通过市场机制来降低控制污染物的社会总成本。之后，排污权政策被美国国家环保局（EPA）用于大气污染源及河流污染源管理，德国、澳大利亚、英国等国家相继进行了排污权交易政策的实践。

20 世纪 90 年代，排污权政策开始引入中国。随着排污权政策在实施中的不断完善，对这方面的研究文献也越来越多。涂正革和谌仁俊（2015）利用 DEA 模型和倍差法，从现实和潜在两个角度研究我国 2002 年开始的排污权交易试点政策效果，发现政策在短期内没有显著提高工业总产值和降低 SO_2 的排放量，没有实现"波特效应"。李永友和文云飞（2016）利用 PSM-DID 模型分析了 2007 年扩大试点城市的排污权交易政策，发现排污权交易政策有显著的减排效应。

碳排放权交易政策是建立在排污权交易的基础上，其目的是通过经济手段优化有限碳资源的配置，目前的大多数研究都认为中国碳排放权试点交易政策对碳排放量有显著的减排效应。李广明和张维洁（2017）利用 DID 和 PSM-DID 实证分析了碳排放权交易试点政策能显著降低碳排放量和碳强度，然后测算能源配置效率和能源技术效率探究政策对其的影响机理。黄向岚等（2018）利用 DID 研究了碳排放权交易试点政策对碳排放量产生了积极影响，并利用中介效应分析其产生环境红利，是通过降低能源消费总量和调整能源消费结构来实现的。但研究者对碳排放权试点交易政策对经济的影响意见并不统一。王文军等（2018）通过 DID 和碳排放权交易机制构造碳减排评价体系，发现在一定条件下，碳排放权交易政策能有效促进碳减排。谭秀杰等（2016）利用多区域一般均衡模型，模拟了 2014 年湖北碳排放权交易试点对经济环境的影响，发现其有显著的减排效应，但是 GDP 却下降了约 0.06%。贾云赟（2017）通过 DID 模型分析排放权试点交易对经济增长和产业结构的影响，结果显示该政策与经济增长之间存在非线性关系。王倩和高翠云（2018）构造两类 Tapio 脱钩指标基于 DID 和 SPDID 方法分析碳交易机制，结果表明碳排放权交易试点政策的实施没有致使 GDP 增速下降。

在环境规制与全要素生产率之间关系的研究，国外的文献主要分为两派，一方认为环境规制抑制全要素生产率的发展（Jorgenson and Wilcoxen，1990；Gray and Shadbegian，1993）。但是随着研究的深入该观点也受到了挑战，相继有学者认为环境规制对全要素生产率也存在积极的影响（Porter and Linde，1995）。国内，原毅军和谢荣辉（2016）运用 SBM 和 Luenberger 生产率测算包含非期望产出的中国工业绿色全要素生产率，实证分析出经济型政策和全要素生产率呈"U"型关系，而投资型政策与全要素生产率之间是线性负相关的。申晨等（2017）利用超效率 DEA 测算中国工业绿色全要素生产率，并研究不同的环境规制工具对全要素生产率的政策效应，实证结果表明市场型工具比管控型工具更具有减排灵活性，管控型工具与全要素生产率呈"U"型关系。高苇等（2018）利用 EBM-DDF 衡量矿产业绿色发展，并运用动态 GMM 模型对不同环境规制下的矿业绿色发展进行异质性分析，实证结果表明管控型和市场型环境政策工具对矿业绿色发展都呈现出先下降后上升的直接影响。

碳排放权交易机制主要是通过政府设定一定的碳排放总量，然后将该总量下放到企业，从而将碳排放权市场化，使其具有价值。当企业的碳排放量超过政府规定的排放量时，就需要从市场购买，否则就会受到相应的处罚。所以当企业的碳排放量超过其配额时，就会增加企业的生产成本，从而调动了企业高效利用碳排放配额的积极性。除此之外，根据我国市场的实际情况和碳交易制度，企业可以买进或卖出配额。当碳价高于其减排边际成本时，企业会通过减排留下多余的碳排放配额并卖出；当碳价低于其减排边际成本时，企业在自身有需求的情况下买进。因此，碳排放权交易可以在市场上进行有效配置，使减排效率高的企业多减排，减排效率低的企业少减排，不但可以减少整个社会的碳排放量，而且可以使整个市场的减排成本在市场的调控下达到最低。虽然碳排放权是通过经济手段优化资源配置，但是学者对碳排放权交易对经济增长的观点并不统一，学界就此还没有达到一致的共识。根据中国的实际情况，中国现阶段存在的温室问题比较突出，且本书涉及的数据截至 2015 年，在 2012 ~ 2015 年四年期间，中国的碳排放权机制发展时间较短而且还不够完善，碳排放权制度存在很大发展空间。在已有研究的基础上，提出如下假说：

假说 1：碳排放权交易试点政策能促进碳减排，但是对经济增长的影响却不显著。

此外，现有关于排污权交易试点政策效应文献，大多是从政策对经济和环境两方面的影响去研究，将排污权政策与环境、经济和绿色工业全要素生产率结合起来分析的文献很少，本书在已有研究的基础上将其结合分析，使得对碳排放权的研究更全面，并且在分析方法上，从静态面板和动态面板两个方面相互佐证分析，为中国全面推进碳排放权交易政策提供实证依据。傅京燕等（2018）以 1998 ~ 2014 省级数据为基础，测算考虑非期望产出的

M-L生产率函数和SO_2排放强度，利用DID和PSM-DID实证分析排污权交易试点政策对绿色发展的作用机制，结果发现该政策对绿色发展的影响微弱。范丹等（2017）通过PSM-DID对碳排放权交易试点政策的政策效果进行分析，并利用全局DEA对全要素生产率进行测算，发现政策能降低碳排放量但是对经济的影响很微弱，政策显著提高了技术进步率而对工业全要素生产率却没有明显提高。故提出以下假说：

假说2：碳排放权交易试点政策对绿色工业全要素生产率及其分解技术效率的影响不显著，但对技术进步影响显著。

通过对上述文献的梳理归纳，关于碳排放权交易试点政策的研究可以从以下几个方面展开：第一，分析研究影响碳排放量的因素指标，在控制这些指标的前提下探究碳排放权交易试点政策与碳排放量和工业总产值的关系；第二，利用EBM模型和Luenberger生产率测算包含非期望产出CO_2排放量的全要素生产率、技术效率和技术进步，对比这些结果的试点和非试点地区在试点前后的变化；第三，从静态和动态两个角度去分析碳排放权交易试点政策对全要素生产率、技术效率和技术进步的影响，研究市场型环境工具是否能促进中国工业绿色发展。

第三节 研究方法

一、排放权交易政策效果的双重差分法

（一）模型构建

针对排放权交易等市场型环境政策工具效果的评估，常用的研究方法是双重差分法（DID）和倾向得分匹配双重差分法（PSM-DID）。双重差分法是基于自然试验的基础上将统计科学与科学试验相结合，通常适用于政策效果的评估，国内最早是由周黎安和陈烨（2005）利用该方法估计农村税费改革

制度对农民收入增长的影响。陈林和伍海军（2015）指出双重差分法优点在于其能有效控制政策作为解释变量存在的内生性，得到的政策效果相较于传统回归更接近事实，对于面板数据还可以控制无法观测的个体差异对被解释变量的影响，故我们这里通过双重差分法可以研究受到环境政策影响的个体的政策净效应。把从 2012 年开始实施的碳排放权交易试点政策视为一个准自然实验，6 个试点省份作为处理组，剩余 24 个非试点地区作为对照组，以 2012 年为试点前后的分界点。碳排放权政策对碳排放和工业总产值影响的双重差分模型为：

$$\ln CE_{it} = \alpha_0 + \alpha_1 period_t + \alpha_2 treated_i + \alpha_3 period_t \times treated_i$$
$$+ \alpha_4 control_{it} + \varepsilon_{it} \tag{6.1}$$

$$\ln Y_{it} = \alpha_0 + \alpha_1 period_t + \alpha_2 treated_i + \alpha_3 period_t \times treated_i$$
$$+ \alpha_4 control_{it} + \varepsilon_{it} \tag{6.2}$$

其中，i 表示除了西藏和港澳台地区外的 30 个省份，t 时间段为 2005～2015 年。$period_t$ 表示实行试点政策时间的虚拟变量，以 2012 年为界限，2012 年（包括）后取 1，否则为 0。$treated_i$ 表示实行试点政策地区的虚拟变量，实施政策的省份为 1，否则为 0。$\ln CE_{it}$ 表示 i 地区在 t 时的碳排放量的对数，$\ln Y_{it}$ 表示 i 地区在 t 时的规模以上工业总产值的对数，因为这里探究的是环境对经济的影响，所以取工业总产值会比取 GDP 更合理，取对数后不但不会改变数据的性质和相关关系，而且可以缩小变量尺度，α_3 表示政策效应。由于试点城市的选取并不具有随机性，因此需要加入一些控制变量，用 $control_{it}$ 表示，在下面的数据来源中进行说明，两个模型中的参数符号本书不加以区分。

（二）变量选取与数据来源

碳排放权交易政策效应的被解释变量为 CO_2 排放量，目前中国的碳排放量没有官方公布的数据，杉等（Shan et al，2018）利用 IPCC 提供的温室气体排放核算方法，结合能源平衡表和工业分部门能源使用量，分为 17 种化石能源、47 个社会部门和 9 种工业过程核算中国 30 个省份 1997～2015 年的二氧化碳排放清单。具体核算过程分为部门方法（sectoral approach）和参考方法（reference approach）两类，最终得出两组碳排放数据 CE^1 和 CE^2，本书的碳排放量采用该两组数据相互佐证。

对于影响碳排放量的主要原因，伊里奇和霍尔德伦（Ehrilch and Holdren，1971）提出的 IPAT 模型，认为人口、技术和经济是影响环境的重要原因；卡娅（Kaya，1989）的 Kaya 恒等式认为主要来源于人口、能源强度、人均 GDP 和单位能源排污量；格罗斯曼和克鲁格（Grossman and Krueger，1991）认为是经济结构、经济规模和技术水平；涂正革和谌仁俊（2015）在分析排污权的"波特效应"时候，还加入了环境规制强度。根据已有的研究，本书选取以下直接或间接影响碳排放量的控制变量：①人口规模（lnPOP），用地区年末和年初常住人口的平均，并取对数表示；②产业结构（$STRU$），用第二产业生产总值占 GDP 的比例，由于第二产业的碳排放强度远大于第一和第三产业，故产业结构增加地区碳排放量；③人均实际 GDP（ln$PGDP$），以 2005 年为基期换算的实际 GDP 除以常住人口，并取对数。④能源利用率（EC），即单位 GDP 能耗，用地区工业终端能源消费总量除以实际 GDP 表示，能源利用效率对碳减排影响显著；⑤技术水平（RD），用各地区研究与试验发展（R&D）经费内部支出占 GDP 的比例表示，技术水平通过影响碳减排的效率进而影响地区碳排放量；⑥环境规制（ER），因二氧化碳非工业废气，传统处理工业废气的方法不适用，所以这里参考范丹等（2017）的处理方法，利用碳排放量/实际 GDP 表示，反映地区经济结构和减排效率的变化。

于是模型（6.1）可以用下面的公式（6.3）表示如下：

$$\ln CE_{it} = \alpha_0 + \alpha_1 period_t + \alpha_2 treated_i + \alpha_3 period_t \times treated_i + \alpha_4 STRU_{it} + \alpha_5 EC_{it}$$
$$+ \alpha_6 \ln POP_{it} + \alpha_7 \ln PGDP_{it} + \alpha_8 ER_{it} + \alpha_9 RD_{it} + \delta_i + \mu_t + \varepsilon_{it} \qquad (6.3)$$

碳排放权交易政策的经济效应研究中，被解释变量为规模以上工业总产值，依据科布道格拉斯生产函数选取影响工业总产值的常用两个控制变量劳动力（L）、资本（K），除此以外还将环境规制强度（ER）作为控制变量，研究差异化的环境规制强度对经济增长产生的影响。于是模型（6.2）的形式如下：

$$\ln Y_{it} = \alpha_0 + \alpha_1 period_t + \alpha_2 treated_i + \alpha_3 period_t \times treated_i + \alpha_4 \ln L_{it}$$
$$+ \alpha_5 \ln K_{it} + \alpha_6 \ln E_{it} + \alpha_7 ER_{it} + \delta_i + \mu_t + \varepsilon_{it} \qquad (6.4)$$

其中，规模以上工业总产值（Y）采用工业生产者出厂价格平减为以 2005 年为基期，劳动力（L）选用规模以上工业从业人员均值，资本（K）为工业固定资产净值且利用固定资产投资价格指数平减为以 2005 年为基期，能源投入（E）为地区工业终端能源消费总量。式（6.3）和式（6.4）中采用了加入地区效应和年份效应的双向效应。上述数据来源于国家统计局，2005～2015 年《中国工业经济统计年鉴》《中国统计年鉴》《中国能源统计年鉴》《中国科技统计年鉴》和各省统计年鉴。

二、绿色工业全要素生产率测算方法

（一）考虑松弛作用的 SBM 模型

在径向 DEA 中，对无效率程度的测算只包括所有投入等比例缩小或增加的比例，对于无效 DMU 来说，强有效目标值与当前的距离除了等比例改进的部分，还包括松弛改进的部分。为了把松弛改进在效率值的测算考虑进去，托恩（Tone，2001）提出了 SBM 模型（slack based measure）。在此基础上，托恩（Tone，2004）对 SBM 模型进行了改进，定义了考虑非期望产出的 SBM 模型。假设现在有 n 个决策单元（DMU），每个 DMU 有 m 个投入 $X=[x_1,\cdots,x_n]\in R^{m\times n}$，$s_1$ 个期望产出 $Y^g=[y_1^g,\cdots,y_n^g]\in R^{s_1\times n}$，$s_2$ 个非期望产出 $Y^b=[y_1^b,\cdots,y_n^b]\in R^{s_2\times n}$。某一 DMU$(x_0,y_0^g,y_0^b)$ 加入环境因素后的 SBM 方向性距离函数可以表示为：

$$S_v(x_0,y_0^g,y_0^b)=\frac{1-\dfrac{1}{M}\sum_{m=1}^{M}\dfrac{s_m^x}{x_{m0}}}{1+\dfrac{1}{s_1+s_1}\left(\sum_{r=1}^{s_1}\dfrac{s_r^g}{y_{r0}^g}+\sum_{r=1}^{s_2}\dfrac{s_r^b}{y_{r0}^b}\right)} \tag{6.5}$$

约束条件为：

$$x_0=X\lambda+s^x;\ y_0^g=Y^g\lambda-s^g$$

$$y_0^b=Y^b\lambda+s^b;\ s^x\geqslant0,\ s^g\geqslant0,\ s^b\geqslant0,\ \sum\lambda=1,\ \lambda\geqslant0 \tag{6.6}$$

其中，s^x、s^g 和 s^b 分别表示投入、期望产出和非期望产出的松弛变量，λ 为权重向量，此模型是基于规模报酬可变（variable returns to scale，VRS）的 SBM 模型，当约束条件中不加入 $\sum \lambda = 1$ 时，为规模报酬不变（constant returns to scale，CRS）的 SBM 模型。本书在对绿色工业生产率进行核算时是基于规模报酬可变来计算的。

（二）Luenberger 全要素生产率指数

Luenberger 全要素生产率指数最早是由钱伯斯等（Chambers et al，1996）使用并将其命名为 Luenberger 生产率指数，其优点在于不用对测度角度进行选择，可以同时考虑投入的减少和产出的增加，与利润最大化的假设相对应，并且也可以考虑成本最小化和收益最大化的情况。地区从第 t 期到第 $t+1$ 期的全要素生产率指数可以表示为：

$$LTFP_t^{t+1} = \frac{1}{2} \left[S_v^t(x^t, y^{g^t}, y^{b^t}) - S_v^t(x^{t+1}, y^{g^{t+1}}, y^{b^{t+1}}) \right]$$

$$+ \frac{1}{2} \left[S_v^{t+1}(x^t, y^{g^t}, y^{b^t}) - S_v^{t+1}(x^{t+1}, y^{g^{t+1}}, y^{b^{t+1}}) \right] \quad (6.7)$$

Luenberger 全要素生产率指数方法可以将全要素生产率分解为技术进步和技术效率：

$$Tech_t^{t+1} = \frac{1}{2} \left[S_v^{t+1}(x^t, y^{g^t}, y^{b^t}) + S_v^{t+1}(x^{t+1}, y^{g^{t+1}}, y^{b^{t+1}}) \right]$$

$$- \frac{1}{2} \left[S_v^t(x^t, y^{g^t}, y^{b^t}) + S_v^t(x^{t+1}, y^{g^{t+1}}, y^{b^{t+1}}) \right] \quad (6.8)$$

$$Effe_t^{t+1} = S_v^t(x^t, y^{g^t}, y^{b^t}) - S_v^{t+1}(x^{t+1}, y^{g^{t+1}}, y^{b^{t+1}}) \quad (6.9)$$

其中，$Tech_t^{t+1}$ 和 $Effe_t^{t+1}$ 分别表示第 t 期到第 $t+1$ 期的技术进步和技术效率。

在计算绿色工业全要素生产率时，投入指标包括劳动投入（L）、资本投入（K）和能源投入（E），产出指标分为期望产出与非期望产出，期望产出为规模以上工业总产值（Y），非期望产出为二氧化碳排放量。

三、绿色工业全要素生产率影响因素实证设计

根据前文的理论依据，为了研究碳排放权交易政策对绿色工业全要素生

产率的影响,以全要素生产率、技术效率和技术进步为被解释变量,碳排放权交易试点政策的交叉项 $period_t \times treated_i$ 为核心解释变量进行实证回归分析,同时还考虑其他影响被解释变量的控制变量。关和兰辛(Guan and Lansink,2006)认为用 DEA 测算的全要素生产率存在序列相关,需要利用动态模型系统 GMM 来克服这种动态变化的特征,系统 GMM 的优点在于克服了差分 GMM 的局限提高了估计效率。为了使回归结果具有说服力,我们设置静态和动态两类回归模型进行对比分析,以全要素生产率为例的静态 DID 和动态 GMM 回归方程如下式(6.10)和式(6.11):

$$TFP_{it} = \alpha_0 + \alpha_1 period_t + \alpha_2 treated_i + \alpha_3 period_t \times treated_i$$
$$+ X_{it}\beta + \delta_i + \mu_t + \varepsilon_{it} \tag{6.10}$$

$$TFP_{it} = \alpha_0 + \delta_1 TFP_{it-1} + \alpha_1 period_t + \alpha_2 treated_i + \alpha_3 period_t \times treated_i$$
$$+ X_{it}\beta + \delta_i + \mu_t + \varepsilon_{it} \tag{6.11}$$

这里的绿色工业全要素生产率利用 2005~2015 年的数据计算得到的增长率,所以实证分析的样本量是(除了西藏和港澳台地区外)30 个省份 2006~2015 年的数据,其中对于影响绿色工业全要素生产率及其分解的重要指标,控制变量选取外商直接投资(FDI)、人力资本(RLZB)、政府干预能力(GOV)、金融发展(FIN)、经济发展(lnPGDP)、经济结构(STRU)、技术水平(RD)和环境规制(ER)。齐绍洲和徐佳(2018)指出外贸开放不仅可以推动地区的技术发展水平、学习国外的先进经验、更好地服务于本地经济的发展、调整地区的产业结构和经济结构,还可以通过贸易技术溢出对全要素生产率产生影响。本书采用外商直接投入与 GDP 的比值来衡量。人力资本是经济发展的动力,在我国的经济发展中占有重要地位。本书采用平均教育年限法来计算人力资本水平,$RLZB = 6X_1 + 9X_2 + 12X_3 + 16X_4$,其中 X_1、X_2、X_3 和 X_4 分别为小学、初中、高中和大专以上受教育程度占地区六岁以上总人口的比重。政府干预能力(GOV)利用地区财政支出与 GDP 的比重来衡量的。政府通过适当的行政手段来规范市场机制和弥补市场不足,使得市场在资源配置中起决定性作用,与此同时,政府还可以通过适当的手段干预地区的产业结构,减少高污染企业的污染排放促进绿色发展。金融发展(FIN)利用地区金融机构贷款余额与 GDP 的比值来衡量的,金融机构作为经济发展的核心单位，既可以为企业提供资金支持，有利于企业技术升级，淘汰落后产能，也可以支持第三产业发展优化产业结构，加快金融机构的发展和完善可以助力绿色产业发展。产业结构（*STRU*）用第二产业生产总值占 GDP 的比重。经济发展（ln*PGDP*）利用人均实际 GDP 的对数来衡量。经济发展有助于社会财富积累，相应的资本、劳动力、科技等都会有相应的发展，有利于社会可持续发展。技术水平（*RD*）用各地区研究与试验发展（*R&D*）经费内部支出占 GDP 的比例表示。

第四节　实证结果与分析

一、试点前后描述性统计分析

（一）碳排放量试点政策前后比较

本书研究的样本区间为 2005～2015 年，以 2012 年作为政策前后的分界点，试点城市和非试点城市的主要变量在试点前后的均值见表 6 - 1。比较政策前后的碳排放量可以发现，试点城市的碳排放量从试点前的 20093.57 万吨上升到试点后的 23575.42 万吨，增加了 3481.85 万吨，增长率为 17.33%；非试点城市的碳排放量从试点前的 25369.4 万吨上升到试点后的 33979.48 万吨，增加了 8610.08 万吨，增长率为 33.94%。从均值的角度简单分析，虽然两者的碳排放量均上升，但是试点城市的碳排放量相对于非试点城市来说有所改善，需要强调的是，这些分析仅仅在不控制其他重要的变量的情况下通过均值简单对比，那么改善的原因是否主要来源于碳排放权政策，需要通过后续实证分析。对于规模以上工业总产值，试点城市的工业总产值从试点前的 21698.07 亿元上升到试点后的 41845.35 亿元，增加了 20147.28 亿元，增长率为 92.85%；非试点城市的工业总产值从试点前的 15173.51 亿元上升为试点后的 34624.66 亿元，上升了 19451.15 亿元，增长率为 128.19%。虽然试点城市的工业总产值的增加量大于非试点城市的增加量，但是非试点城市的上升幅度大于试点城市，所以从简单的数值上很难去分析试点政策对工业总产值的影响，而且单纯依靠对碳排放量和工业总产值的均值大小比较去说明政策的效果没有太多说服力，故需要进行实证分析去检验政策效果。

表 6 - 1   非试点和试点城市试点前后变量均值对比

变量		试点城市		非试点城市	
		试点前	试点后	试点前	试点后
CE^1	碳排放量（百万吨）	200.9357	235.7542	253.694	339.7948
POP	地区年末常住人口（万人）	3924.881	4253	4481.75	4586.51
$PGDP$	人均实际生产总值（元）	39375.95	67449.33	19927.31	39512.64
E	能源消费总量（万吨标准煤）	10836.56	13414.79	11455.93	14846.35
$STRU$	第二产业 GDP/GDP（%）	0.4527	0.4134	0.4886	0.4745
EC	单位 GDP 能耗（万吨标准煤/亿元）	1.0985	0.7563	1.74044	1.3351
RD	RD 经费内部支出/GDP（%）	0.0239	0.0302	0.0100	0.0120
ER	碳排放量/实际 GDP（百万吨/亿元）	0.0180	0.0103	0.0332	0.0222
Y	规模以上工业总产值（亿元）	21698.07	41845.35	15173.51	34624.66
K	规模以上从业人员均值（万人）	6864.021	10699.7	5505.49	11231.69
L	工业固定资产净值（亿元）	375.914	423.245	254.2631	302.5555

对比其他的变量，不管是试点城市还是非试点城市，除了 $STRU$、EC 和 ER 试点前后是下降的，其余变量都是上升的，这与实际情况吻合。试点城市的 $STUR$ 下降了 8.69%，非试点城市的 $STRU$ 下降了 2.89%，说明"十二五"期间第二产业生产总值占总产值的比重正在下降，产业结构正在逐步优化升级，试点城市的升级速度快于非试点城市。EC 和 ER 数值分析有类似于 $STRU$ 的结论，现阶段在能源利用率和环境规制效率上都有改进。

（二）绿色工业全要素生产率试点政策前后比较

依据前文的理论分析，测算我国 2005～2015 年包含非期望产出碳排放的绿色工业全要素生产率及其分解，试点和非试点城市在试点前后的均值见表6-2。从全国范围来看，试点前2005~2011年间的绿色工业TFP的年均增长率为8.31%，技术进步率TECH的年均增长率为6.80%，技术效率EFFE的年均增长率为1.51%；试点后2012~2015年间的绿色工业TFP的年均增长率为5.03%，技术进步率TECH的年均增长率为5.94%，技术效率EFFE的年均增长率下降0.91%。说明在TFP的增长主要来源于技术进步率，技术进步率取决于最优生产边界，技术效率取决于追赶生产前沿面的速度，所以技术效率受到制度改革、管理效率提高等内在因素影响，短期内改进比较困难。另外，2012年后绿色工业TFP的年均增长率低于2012年前，下降了3.28%，说明现阶段中国的绿色工业发展速度变缓，但这并不能说明碳排放权政策对中国绿色发展有抑制作用，因为中国的绿色工业发展是由很多因素决定的。

表6-2　　　　　非试点和试点城市试点前后全要素生产率均值对比　　　　单位：%

类别	城市	TFP		TECH		EFFE	
		试点前	试点后	试点前	试点后	试点前	试点后
试点城市	北京	16.59	4.12	13.07	9.57	3.52	-5.45
	天津	8.73	7.99	8.73	7.99	0.00	0.00
	上海	8.31	3.31	8.31	9.18	0.00	-5.88
	湖北	6.65	8.39	3.72	4.16	2.93	4.23
	广东	8.52	6.08	8.52	6.08	0.00	0.00
	重庆	5.48	4.66	3.68	3.49	1.80	1.17
	试点均值	9.05	5.76	7.67	6.75	1.38	-0.99
非试点城市	河北	13.26	8.47	12.06	8.92	1.20	-0.45
	山西	3.14	0.85	2.29	1.89	0.85	-1.03
	内蒙古	19.52	7.52	8.19	23.11	11.33	-15.58
	辽宁	13.89	6.03	11.10	10.97	2.80	-4.93
	吉林	10.33	9.36	7.11	8.16	3.22	1.20
	黑龙江	2.39	1.79	2.98	2.38	-0.59	-0.59
	江苏	10.27	5.63	10.27	5.63	0.00	0.00

类别	城市	TFP		TECH		EFFE	
		试点前	试点后	试点前	试点后	试点前	试点后
非试点城市	浙江	10.42	4.24	11.69	6.11	−1.27	−1.86
	安徽	7.61	5.04	4.11	4.51	3.51	0.53
	福建	10.35	5.44	9.08	4.38	1.27	1.06
	江西	10.90	7.32	6.52	5.29	4.38	2.02
	山东	21.39	9.95	16.68	9.95	4.71	0.00
	河南	7.64	4.46	5.22	3.92	2.43	0.54
	湖南	7.03	4.22	3.99	3.78	3.04	0.44
	广西	5.25	7.18	3.42	3.21	1.83	3.97
	海南	4.93	1.77	4.93	1.77	0.00	0.00
	四川	6.39	4.17	4.04	3.53	2.35	0.64
	贵州	2.89	2.36	2.08	1.70	0.81	0.65
	云南	2.19	1.27	2.99	2.34	−0.80	−1.07
	陕西	4.56	2.76	3.30	3.35	1.26	−0.59
	甘肃	3.18	1.50	2.85	2.67	0.33	−1.16
	青海	1.21	−0.53	2.10	2.05	−0.89	−2.58
	宁夏	0.57	1.60	2.14	1.36	−1.58	0.24
	新疆	2.00	0.61	3.13	2.03	−1.12	−1.42
	非试点均值	7.56	4.29	5.93	5.12	1.63	−0.83
全国均值		8.31	5.03	6.80	5.94	1.51	−0.91

从试点城市和非试点城市的角度来看，试点城市的绿色工业 TFP 年均增长率由 9.05% 下降到 5.76%，下降了 3.29 个百分点，在试点城市中，试点前后绿色工业 TFP 年均增长率的变化幅度最大的两个城市是北京和天津（分

别下降了 12.47 个和 5.42 个百分点），其余四个省份的变化幅度不大；技术进步率年均增长率由 7.67% 下降为 6.75%，下降了 0.92 个百分点，技术效率年均增长率由 1.38% 下降为负增长。非试点城市的绿色工业 TFP 年均增长率由 7.56% 下降到 4.29%，下降了 3.27 个百分点，技术进步率年均增长率由 5.93% 下降为 5.12%，下降了 0.81 个百分点，技术效率年均增长率由 1.63% 下降为 −0.83%。试点和非试点城市的绿色工业 TFP、技术进步率与技术效率的下降幅度都很接近，所以很难从数值上去分析碳排放权交易试点政策对它们的影响，需要严格的实证检验。

二、碳排放权交易试点政策效果

（一）基于 DID 模型的碳排放交易试点政策效果分析

为了检验碳排放权政策对碳排放量的影响，对模型（6.1）和模型（6.3）进行回归，结果见表 6 – 3。表 6 – 3 中第（1）列为没有加入控制变量的结果，可以发现交叉项系数在 1% 的显著性水平下显著为负，说明碳排放权交易试点政策对碳排放量产生了显著的抑制作用。第（2）列加入控制变量，第（3）列加入控制变量并且控制了地区和时间效应，结果依然都在 1% 的水平下显著为负，且第（3）列表明试点政策使碳排放量下降 13.8%。结合第（1）～（3）列回归可以得到统一结果：碳排放权交易试点政策能降低碳排放量，对碳排放量有显著积极的影响。表 6 – 3 中第（4）～（6）列是利用另一种碳排放量测算方法得出的双重差分结果，其结果与前三列结果基本一致，第（6）列说明试点政策使碳排放量下降 16.5%，两种碳排放测算方法相互佐证，可以在一定程度上排除碳排放测算方法对政策效果的影响的偏差。从第（2）（3）（5）（6）列的结果中发现，我们利用二氧化碳排放强度 *ER* 来代替环境规制强度，探究环境规制强度下降是否能改善环境质量，结果显示其回归系数均在 1% 的显著性水平上显著为正，说明改善地区碳排放强度可以抑制地区碳排放量。

表6-3 碳排放权交易试点政策的环境效应

变量	CE^1			CE^2		
	(1)	(2)	(3)	(4)	(5)	(6)
$Period \times treated$	-0.181 *** (-2.94)	-0.166 *** (-3.56)	-0.138 *** (-2.79)	-0.274 *** (-3.93)	-0.202 *** (-3.28)	-0.165 * (-1.95)
$period$	0.352 *** (10.97)	-0.0416 ** (-2.34)	-0.462 (-1.54)	0.437 *** (8.72)	-0.0427 * (-1.88)	-0.434 (-1.20)
$treated$	-0.115 (-0.42)	-0.00600 (-0.08)	-0.518 (-1.21)	-0.292 (-1.12)	-0.0896 (-0.88)	-0.846 * (-1.89)
$\ln POP$		0.951 *** (21.01)	0.774 (1.54)		0.933 *** (16.57)	0.652 (1.03)
$\ln PGDP$		0.832 *** (23.21)	1.084 *** (4.95)		0.887 *** (14.80)	1.167 *** (4.52)
$STRU$		0.472 (1.86)	-0.490 (-1.26)		0.659 ** (2.46)	-0.300 (-0.65)
EC		0.0683 (1.03)	-0.0280 (-0.17)		0.0366 (0.58)	0.0147 (0.11)
RD		-11.05 *** (-4.12)	-9.443 (-1.28)		-11.76 *** (-2.82)	-11.88 (-1.33)
ER		16.92 *** (4.73)	15.21 *** (4.98)		18.44 *** (7.20)	17.94 *** (5.50)
年份地区	否	否	是	否	否	是
常数项	5.260 *** (31.28)	-11.47 *** (-17.64)	-11.75 ** (-2.38)	5.334 *** (32.14)	-11.96 *** (-11.73)	-11.64 * (-1.83)
样本数	330	330	330	330	330	330
R^2	0.4720	0.8859	0.9112	0.4063	0.8713	0.8846

注：①括号里为t值；②*、**、***分别表示显著性水平为10%、5%和1%；③所有回归均采用了异方差稳健标准误。

除此之外，探究控制变量与碳排放的关系是否符合实际意义，以第（2）和第（5）列为例，$\ln POP$ 和 $\ln PGDP$ 均在1%的显著性水平上显著为正，表明人口规模越大和人均实际GDP越高都会刺激碳排放量的增加，RD 在1%的显著性水平上显著为负，表明技术水平进步能够促进碳减排的技术发展，从而抑制碳排放量，第（5）列中 *STRU* 在5%的显著性水平上显著为正，表明第二产业 GDP 占 GDP 的比重与碳排放存在正向的关系，故文中选取的控制变量具有合理性，符合实际经济意义。

那么碳排放交易制度对经济的影响怎么样呢？为了研究政策对经济的影响，对模型（6.2）和模型（6.4）进行回归，结果见表6-4。当不考虑其他控制变量时，政策对工业总产值的影响并不显著且系数为负，虽然加入控制变量后交叉项在10%的显著性水平下显著为正，但是控制地区和年份后，政策对工业总产值的影响依然不显著且系数为负。这说明在加入其他控制因素后，碳排放权政策没有显著提高工业总产值，并且加入控制变量和时间地区效应后变量 *ER* 对工业总产值的影响也是不显著的。

表6-4   碳排放权交易试点政策的经济效应

变量	Y		
	（1）	（2）	（3）
Period × treated	-0.168 （-1.22）	0.081 （1.26）	-0.064 （-1.47）
period	0.955 *** （24.63）	0.130 *** （4.76）	0.930 *** （6.39）
treated	0.632 （1.62）	0.145 （1.14）	0.373 *** （5.03）
ln*K*		0.914 *** （19.52）	0.255 *** （2.26）
ln*L*		0.291 *** （3.15）	0.948 *** （6.89）
ln*E*		0.195 * （1.8）	0.122 （0.68）
ER		-0.455 *** （-3.81）	-0.156 （-1.59）
年份地区	否	否	是

续表

变量	Y		
	(1)	(2)	(3)
常数项	8.983 *** (38.85)	− 1.758 *** (− 3.20)	0.584 (0.41)
样本数	330	330	330
R^2	0.6029	0.9582	0.9843

注：①括号里为 t 值；②*、**、*** 分别表示显著性水平为 10%、5% 和 1%；③所有回归均采用了异方差稳健标准误。

综合分析上面的结果，可以得出下面的结论，在控制其他因素时，碳排放试点政策没有显著提高工业总产值产生经济红利，但是显著降低了碳排放量产生了环境红利，碳排放权试点政策没有实现"波特效应"。究其原因，根据中国的实际情况，中国现阶段存在的温室问题比较突出，政府和公众对此都很重视，而且政策直接作用于碳排放总量，故产生环境红利是合理的。但是本书涉及的数据截至 2015 年，在 2012~2015 年四年期间，中国的碳排放权机制发展时间较短而且还不够完善，中国的六个省份还处于试点阶段，尚在完善的市场还不足以支持碳排放权政策按照理论研究的方向运行，市场运行机制与碳排放权政策还不能完全有效的匹配，所以碳排放权制度存在很大发展空间。

（二）基于 PSM-DID 模型的碳排放交易试点政策效果分析

为了检验 DID 模型结果的稳健性，减少模型效应估计的偏差，使 DID 模型满足共同趋势假定，考虑使用倾向得分匹配在对照组中找到与处理组尽可能相似的个体。本书使用 Logit 模型对协变量进行回归，估计出倾向得分并进行核匹配，再进行平衡性检验。平衡性检验结果显示，处理组和对照组的协变量的均值不存在显著差异。除此之外，本书还通过画匹配前后的倾向得分密度函数图，对比匹配前后的处理组和对照组得分值的概率密度，发现得出的匹配结果较佳，故用 PSM-DID 模型具有合理性和可行性。

表 6 - 5 结果显示，第（1）~（3）列均在 10% 的显著性水平下显著为负，

表中第（3）列表明匹配后试点政策使碳排放量下降4.53%，与匹配前的系数相比下降了9.27个百分点。虽然系数的绝对值下降，但是仍然能说明碳排放权交易试点政策能实现碳减排；第（4）~（6）列均不显著，说明政策不能显著提高工业总产值。这个结论佐证了上述DID的回归结果，碳排放权政策没有产生波特效应。

表6–5　　　　　　　　　　基于 PSM-DID 碳排放交易制度的效果

变量	CE^1			Y		
	（1）	（2）	（3）	（4）	（5）	（6）
$p \times t$	-0.0967* (-1.74)	-0.0736* (-1.87)	-0.0453* (-1.71)	0.000 (0.00)	0.0424 (0.67)	-0.039 (-0.76)
Period	0.320*** (9.11)	-0.0360*** (-2.71)	-0.00540 (-0.02)	0.885*** (13.75)	0.0350 (1.04)	0.742*** (3.69)
Treated	0.000742 (0.00)	0.0157 (0.46)	-0.534 (-1.62)	0.391 (0.96)	-0.0195 (-0.14)	0.284*** (3.34)
控制变量	否	是	是	否	是	是
年份地区	否	否	是	否	否	是
常数项	5.202*** (25.00)	-13.95*** (-26.72)	-4.644 (-0.97)	9.206*** (37.11)	-1.715** (-2.93)	-1.625 (-1.07)
样本数	190	190	190	235	235	235
R^2	0.4586	0.9533	0.9715	0.5766	0.9664	0.9848

注：①括号里为t值；②*、**、***分别表示显著性水平为10%、5%和1%；③所有回归均采用了异方差稳健标准误。

三、绿色工业全要素生产率实证研究

为了探究碳排放权交易政策对绿色工业发展的影响，对模型（6.10）和模型（6.11）进行分析，表6–6中，第（1）~（3）列为静态面板DID模型的回归结果，当考虑到控制变量和年份地区效应后，碳排放权交易试点政策对绿色工业TFP及TFP的分解技术效率EFFE的影响均不显著，说明现阶段的碳排放权试点交易政策不能刺激中国的绿色工业发展，这与假设1的结论碳排放权政策能够降低碳排放，但对工业总产值的影响不显著的结论相吻合。除此之外，该政策与技术进步 TECH 的关系是在 10% 的显著性水平上显著为正。

表 6-6 　　　　　　　　　静态面板和动态面板回归结果

变量	静态面板			动态面板		
	TFP	TECH	EFFE	TFP	TECH	EFFE
	(1)	(2)	(3)	(4)	(5)	(6)
L. 被解释变量	—	—	—	-0.082 ** (-2.30)	0.079 ** (2.47)	-0.342 *** (-13.40)
$p \times t$	2.556 (1.31)	2.161 * (1.81)	0.395 (0.19)	-1.630 (-0.96)	7.809 * (1.79)	0.051 (0.03)
period	-34.19 (-0.85)	12.27 (0.60)	-46.46 (-1.57)	—	—	—
treated	-35.13 ** (-2.21)	-11.88 (-1.21)	-23.25 ** (-2.13)	—	—	—
OPEN	1.332 (1.44)	0.963 ** (2.40)	0.369 (0.63)	1.916 ** (2.43)	1.472 ** (2.24)	2.273 *** (3.38)
RLZB	-2.500 (-1.14)	-2.579 (-1.81)	0.0790 (0.04)	-5.051 (-1.29)	-1.641 (-0.80)	-4.808 (-1.11)
PGDP	26.40 ** (2.45)	11.41 (1.42)	14.99 ** (2.13)	6.063 (0.68)	6.452 * (1.77)	-7.044 (-1.10)
STRU	2.161 (0.10)	8.803 (0.84)	-6.642 (-0.44)	-4.706 (-0.07)	50.46 (1.42)	32.199 (0.79)
GOV	-6.204 (-0.48)	-15.83 (-1.56)	9.622 (0.76)	0.252 (0.01)	-7.699 (-0.99)	-21.395 (-0.85)
FIN	8.245 (1.34)	3.175 (1.10)	5.070 (0.83)	-9.914 (-0.89)	4.199 (0.95)	-2.512 (-0.34)
RD	120.9 (0.26)	-321.8 (-1.32)	442.7 (1.34)	355.0 (1.52)	-227.1 (-1.40)	445.96 (1.32)
年份地区	是	是	是	是	是	是
常数项	-235.1 ** (-2.44)	-84.87 (-1.23)	-150.3 ** (-2.44)	-11.39 (-0.25)	0 (0.00)	98.105 ** (-2.44)

续表

变量	静态面板			动态面板		
	TFP	TECH	EFFE	TFP	TECH	EFFE
	（1）	（2）	（3）	（4）	（5）	（6）
样本数	300	300	300	270	270	270
R^2	0.3399	0.2788	0.1376	—	—	—
AR（1）	—	—	—	0.093	0.007	0.182
AR（2）	—	—	—	0.421	0.736	0.627
Sargan	—	—	—	0.001	0.029	0.252
Hansen	—	—	—	0.988	0.926	0.997

注：①括号里为 t 值；＊、＊＊、＊＊＊分别表示显著性水平为 10%、5% 和 1%，静态回归采用了异方差稳健标准误。②AR（1）检验、AR（2）检验、Sargan 检验和 Hansen 检验给出的是 p 值。

表 6-6 中，第（4）~（6）列为动态面板系统 GMM 模型的结果，TFP 与 TECH 的检验结果显示 AR(1) 通过显著性检验，AR(2) 未通过，说明随机误差项存在一阶序列相关，不存在二阶序列相关，并且 Hansen 检验的 p 值都大于 0.1，接受 Hansen 检验原假设，工具变量与误差项不相关，所以工具变量选取有效，模型是合理的。EFFE 没有通过此检验，所以本书仅仅分析 TFP 与 TECH 的结果。碳排放权交易政策对绿色工业 TFP 的影响不显著，但对技术进步 TECH 的影响在 10% 的显著性水平上显著为正，动态回归结果与静态模型的结果基本一致，说明回归结果比较稳健。

综合上述的分析，碳排放权交易试点政策不能直接作用于经济绿色发展，不能实现波特效应，但是碳排放权政策对技术进步的影响是显著的，从长远的角度来看，碳排放权政策可以通过促进技术创新间接作用于绿色经济，但是就目前来看该政策对绿色经济的影响却是不显著的，并且六个试点省份的碳排放交易数量与碳市场的活跃程度也存在异质性，2017 年 10 月以来，北京的碳价的成交均价最高达到约 36 元/吨，重庆的成交均价最低低于 10 元/吨，说明不同省份之间的环境规制的强度也是有差异的，"波特假说"指出严格而合理的环境规制可以提升生产率进而提高企业竞争力，说明现阶段政府还需要制定更加严格而合理的措施促进全社会的绿色工业 TFP 的发展。

第五节 结 论

理论上来说，碳排放权交易试点政策是实现碳减排的有效途径，但是该政策对经济的影响的意见并不统一，"十三五"时期，政府特别强调绿色低碳经济的发展，所以碳排放权对绿色经济发展的影响如何？这是值得我们深思和研究的问题。中国现有的关于排污权政策的研究还比较少，所以对这一政策的研究具有重要的现实意义。基于 2005～2015 年我国 30 个省份的数据，运用 DID 和 PSM-DID，探究碳排放权试点政策对碳排放量和工业总产值的政策效应。从描述性统计分析看，试点和非试点城市碳排放量和工业总产值在试点后均上升，但是试点城市的碳排放量和工业总产值的增长率均低于非试点城市。进一步从实证分析可知，在控制一些关键变量、地区和年份效应后，碳排放权交易试点政策显著降低了碳排放量，两种碳排放测算方式的回归结果的交叉项系数分别为 0.138 和 0.165；但是，碳排放权交易试点政策却没有提高工业总产值，其对工业总产值的影响并不显著。绿色工业 TFP 增长是一国经济保持绿色持续增长的关键和核心，采取考虑非期望产出的 SBM 模型和 Luenberger 全要素生产率对绿色工业 TFP 进行测算及分解，从静态和动态两个视角，利用 DID 和系统 GMM 模型进一步分析该政策对绿色工业 TEP 的影响。研究发现碳排放权交易试点政策对绿色工业 TFP 和技术效率 EFFE 的影响不显著，但对技术进步 TECH 的影响显著，说明现阶段的碳排放权交易政策虽然不能促进中国工业经济绿色发展，但是却可以刺激技术创新。

通过上述的研究，我们认为碳排放权交易政策能够在一定程度上解决中国碳减排低效率问题，但是为了能在实现碳减排的同时，推动绿色工业经济的发展，我国必须加快完善碳排放权交易市场制度，积极建立推进全国碳市场建设，推动重点单位碳排放报告、核查和配额管理，降低碳排放权交易成本，提升碳排放权交易效率、提高市场活跃性，同时强化基础能力建设，为碳市场的顺利运行提供人才保障和技术支撑。

参考文献

一、中文文献

[1] 包群，邵敏，杨大利．环境管制抑制了污染排放吗？［J］．经济研究，2013，48（12）：42－54.

[2] 蔡昉，都阳，王美艳．经济发展方式转变与节能减排内在动力［J］．经济研究，2008（6）：4－11，36.

[3] 蔡守秋．论中国的环境政策［J］．环境导报，1997（6）：1－6.

[4] 陈诗一，陈登科．雾霾污染、政府治理与经济高质量发展［J］．经济研究，2018，53（2）：20－34.

[5] 陈诗一．中国的绿色工业革命：基于环境全要素生产率视角的解释（1980—2008）［J］．经济研究，2010，45（11）：21－34，58.

[6] 陈彦斌．中国经济增长与经济稳定：何者更为重要［J］．管理世界，2005（7）：16－21.

[7] 陈志建．中国区域碳排放收敛性及碳经济政策效用的动态随机一般均衡模拟［D］．上海：华东师范大学，2013.

[8] 陈卓，潘敏杰．雾霾污染与地方政府环境规制竞争策略［J］．财经论丛，2018（7）：106－113.

[9] 崔亚飞，刘小川．中国省级税收竞争与环境污染：基于1998—2006年面板数据的分析［J］．财经研究，2010，36（4）：46－55.

[10] 戴嵘，曹建华．中国首次"低碳试点"政策的减碳效果评价：基于五省八市的 DID 估计 [J]．科技管理研究，2015，35（12）：56 - 61.

[11] 范丹，王维国，梁佩凤．中国碳排放交易权机制的政策效果分析：基于双重差分模型的估计 [J]．中国环境科学，2017，37（6）：2383 - 2392.

[12] 范英，张晓兵，朱磊．基于多目标规划的中国二氧化碳减排的宏观经济成本估计 [J]．气候变化研究进展，2010，6（2）：130 - 135.

[13] 傅京燕，李丽莎．FDI、环境规制与污染避难所效应：基于中国省级数据的经验分析 [J]．公共管理学报，2010，7（3）：65 - 74，125 - 126.

[14] 傅京燕，李丽莎．环境规制、要素禀赋与产业国际竞争力的实证研究：基于中国制造业的面板数据 [J]．管理世界，2010（10）：87 - 98，187.

[15] 傅京燕，司秀梅，曹翔．排污权交易机制对绿色发展的影响 [J]．中国人口·资源与环境，2018，28（8）：12 - 21.

[16] 傅京燕．产业特征、环境规制与大气污染排放的实证研究：以广东省制造业为例 [J]．中国人口·资源与环境，2009，19（2）：73 - 77.

[17] 高明，吴雪萍，郭施宏．城市化进程、环境规制与大气污染：基于STIRPAT 模型的实证分析 [J]．工业技术经济，2016，35（9）：110 - 117.

[18] 高苇，成金华，张均．异质性环境规制对矿业绿色发展的影响 [J]．中国人口·资源与环境，2018，28（11）：150 - 161.

[19] 韩超，胡浩然．清洁生产标准规制如何动态影响全要素生产率：剔除其他政策干扰的准自然实验分析 [J]．中国工业经济，2015（5）：70 - 82.

[20] 贺晓宇，沈坤荣．现代化经济体系、全要素生产率与高质量发展 [J]．上海经济研究，2018（6）：25 - 34.

[21] 胡小梅．中国式分权、文化非正式制度与环境污染关系的实证 [J]．统计与决策，2018，34（15）：98 - 102.

[22] 华坚，胡金昕．中国区域科技创新与经济高质量发展耦合关系评价 [J]．科技进步与对策，2019，36（8）：19 - 27.

[23] 黄德春，刘志彪．环境规制与企业自主创新：基于波特假设的企业竞争优势构建 [J]．中国工业经济，2006（3）：100 - 106．

[24] 黄寿峰．财政分权对中国雾霾影响的研究 [J]．世界经济，2017，40 (2)：127 - 152．

[25] 黄向岚，张训常，刘晔．我国碳交易政策实现环境红利了吗？[J]．经济评论，2018（6）：86 - 99．

[26] 贾云赟．碳排放权交易影响经济增长吗 [J]．宏观经济研究，2017 (12)：72 - 81，136．

[27] 解垩．环境规制与中国工业生产率增长 [J]．产业经济研究，2008 (1)：19 - 25，69．

[28] 雷根强，黄晓虹，席鹏辉．转移支付对城乡收入差距的影响：基于我国中西部县域数据的模糊断点回归分析 [J]．财贸经济，2015（12）：35 - 48．

[29] 李根生，韩民春．财政分权、空间外溢与中国城市雾霾污染：机理与证据 [J]．当代财经，2015（6）：26 - 34．

[30] 李广明，张维洁．中国碳交易下的工业碳排放与减排机制研究 [J]．中国人口·资源与环境，2017，27（10）：141 - 148．

[31] 李华，马进．环境规制对碳排放影响的实证研究：基于扩展 STIRPAT 模型 [J]．工业技术经济，2018，37（10）：143 - 149．

[32] 李华杰，史丹，马丽梅．经济不确定性的量化测度研究：前沿进展与理论综述 [J]．统计研究，2018，35（1）：117 - 128．

[33] 李静，陶璐，杨娜．淮河流域污染的"行政边界效应"与新环境政策影响 [J]．中国软科学，2015（6）：91 - 102．

[34] 李平，宫旭红，张庆昌．基于国际引文的技术知识扩散研究：来自中国的证据 [J]．管理世界，2011（12）：21 - 31．

[35] 李强．财政分权、FDI 与环境污染：来自长江经济带的例证 [J]．统计与决策，2019，35（4）：173 - 175．

[36] 李胜兰，初善冰，申晨．地方政府竞争、环境规制与区域生态效率 [J]．世界经济，2014，37（4）：88 - 110．

[37] 李胜兰, 申晨, 林沛娜. 环境规制与地区经济增长效应分析: 基于中国省际面板数据的实证检验 [J]. 财经论丛, 2014 (6): 88-96.

[38] 李树, 陈刚. 环境管制与生产率增长: 以 APPCL2000 的修订为例 [J]. 经济研究, 2013, 48 (1): 17-31.

[39] 李涛, 刘会. 财政-环境联邦主义与雾霾污染管制: 基于固定效应与门槛效应的实证分析 [J]. 现代经济探讨, 2018 (3): 34-43.

[40] 李小平, 卢现祥, 陶小琴. 环境规制强度是否影响了中国工业行业的贸易比较优势 [J]. 世界经济, 2012, 35 (4): 62-78.

[41] 李璇. 供给侧改革背景下环境规制的最优跨期决策研究 [J]. 科学学与科学技术管理, 2017, 38 (1): 44-51.

[42] 李永友, 沈坤荣. 我国污染控制政策的减排效果: 基于省际工业污染数据的实证分析 [J]. 管理世界, 2008 (7): 7-17.

[43] 李永友, 文云飞. 中国排污权交易政策有效性研究: 基于自然实验的实证分析 [J]. 经济学家, 2016 (5): 19-28.

[44] 李长胜. 基于动态博弈的税收减排机制研究与设计 [D]. 合肥: 中国科学技术大学, 2012.

[45] 李正升. 中国式分权体制下地方政府竞争与环境治理研究 [D]. 昆明: 云南大学, 2015.

[46] 李正升. 中国式分权竞争与环境治理 [J]. 广东财经大学学报, 2014, 29 (6): 4-12.

[47] 林伯强, 牟敦国. 能源价格对宏观经济的影响: 基于可计算一般均衡 (CGE) 的分析 [J]. 经济研究, 2008, 43 (11): 88-101.

[48] 刘晨跃, 徐盈之. 环境规制如何影响雾霾污染治理?: 基于中介效应的实证研究 [J]. 中国地质大学学报 (社会科学版), 2017, 17 (6): 41-53.

[49] 刘建民, 王蓓, 陈霞. 财政分权对环境污染的非线性效应研究: 基于中国 272 个地级市面板数据的 PSTR 模型分析 [J]. 经济学动态, 2015 (3): 82 89.

[50] 刘亦文, 胡宗义. 农业温室气体减排对中国农村经济影响研究: 基于

CGE 模型的农业部门生产环节征收碳税的分析 [J]. 中国软科学, 2015 (9): 41 - 54.

[51] 龙如银, 周颖. OFDI 逆向技术溢出对区域碳生产率的影响研究 [J]. 生态经济, 2017, 33 (1): 58 - 62.

[52] 龙小宁, 万威. 环境规制、企业利润率与合规成本规模异质性 [J]. 中国工业经济, 2017 (6): 155 - 174.

[53] 卢洪友, 卢盛峰, 陈思霞. "中国式财政分权" 促进了基本公共服务发展吗? [J]. 财贸研究, 2012, 23 (6): 1 - 7.

[54] 卢洪友, 袁光平, 陈思霞, 卢盛峰. 中国环境基本公共服务绩效的数量测度 [J]. 中国人口·资源与环境, 2012, 22 (10): 48 - 54.

[55] 卢洪友, 张悦童, 许文立. 中国财政政策的碳减排效应研究: 基于符号约束模型 [J]. 当代财经, 2016 (11): 32 - 44.

[56] 陆贤伟. 低碳试点政策实施效果研究: 基于合成控制法的证据 [J]. 软科学, 2017, 31 (11): 98 - 101, 109.

[57] 吕炜, 王伟同. 发展失衡、公共服务与政府责任: 基于政府偏好和政府效率视角的分析 [J]. 中国社会科学, 2008 (4): 52 - 64, 206.

[58] 马骏, 李治国. PM2.5 减排的经济政策 [J]. 金融纵横, 2015 (2): 101.

[59] 马茹, 罗晖, 王宏伟, 王铁成. 中国区域经济高质量发展评价指标体系及测度研究 [J]. 中国软科学, 2019 (7): 60 - 67.

[60] 马茹, 张静, 王宏伟. 科技人才促进中国经济高质量发展了吗?: 基于科技人才对全要素生产率增长效应的实证检验 [J]. 经济与管理研究, 2019, 40 (5): 3 - 12.

[61] 梅冬州, 王子健, 雷文妮. 党代会召开、监察力度变化与中国经济波动 [J]. 经济研究, 2014, 49 (3): 47 - 61.

[62] 梅国平, 龚海林. 环境规制对产业结构变迁的影响机制研究 [J]. 经济经纬, 2013 (2): 72 - 76.

[63] 潘家华, 陈迎. 碳预算方案: 一个公平、可持续的国际气候制度框架 [J]. 中国社会科学, 2009 (5): 83 - 98, 206.

[64] 彭水军，余丽丽. 几种减排方案对宏观经济及碳排放的影响：基于贸易自由化背景的模拟分析 [J]. 厦门大学学报（哲学社会科学版），2017（1）：1-12.

[65] 彭俞超，韩珣，李建军. 经济政策不确定性与企业金融化 [J]. 中国工业经济，2018（1）：137-155.

[66] 亓寿伟，胡洪曙. 转移支付、政府偏好与公共产品供给 [J]. 财政研究，2015（7）：23-27.

[67] 祁毓，卢洪友，张宁川. 环境规制能实现"降污"和"增效"的双赢吗：来自环保重点城市"达标"与"非达标"准实验的证据 [J]. 财贸经济，2016（9）：126-143.

[68] 秦晓丽，于文超. 外商直接投资、经济增长与环境污染：基于中国259个地级市的空间面板数据的实证研究 [J]. 宏观经济研究，2016（6）：127-134，151.

[69] 申晨，贾妮莎，李炫榆. 环境规制与工业绿色全要素生产率：基于命令-控制型与市场激励型规制工具的实证分析 [J]. 研究与发展管理，2017，29（2）：144-154.

[70] 石庆玲，陈诗一，郭峰. 环保部约谈与环境治理：以空气污染为例 [J]. 统计研究，2017，34（10）：88-97.

[71] 史丹，吴仲斌. 支持生态文明建设中央财政转移支付问题研究 [J]. 地方财政研究，2015（3）：74-79，96.

[72] 宋德勇，蔡星. 地区间环境规制的空间策略互动：基于地级市层面的实证研究 [J]. 工业技术经济，2018，37（7）：112-118.

[73] 宋国君，马中，姜妮. 环境政策评估及对中国环境保护的意义 [J]. 环境保护，2003（12）：34-37，57.

[74] 随洪光. 外商直接投资与中国经济增长质量提升：基于省际动态面板模型的经验分析 [J]. 世界经济研究，2013（7）：67-72，89.

[75] 谭小芬，张文婧. 经济政策不确定性影响企业投资的渠道分析 [J]. 世界经济，2017，40（12）：3-26.

[76] 谭秀杰，刘宇，王毅. 湖北碳交易试点的经济环境影响研究：基于中

国多区域一般均衡模型 TermCO$_2$ [J]. 武汉大学学报（哲学社会科学版），2016，69（2）：64 - 72.

[77] 汤学良，顾斌贤，康志勇，宗大伟. 环境规制与中国企业全要素生产率：基于"节能减碳"政策的检验 [J]. 研究与发展管理，2019，31（3）：47 - 58.

[78] 陶爱萍，杨松，张淑安. 空间效应视角下的财政分权与中国雾霾治理 [J]. 华东经济管理，2017，31（10）：92 - 102.

[79] 陶静，胡雪萍. 环境规制对中国经济增长质量的影响研究 [J]. 中国人口·资源与环境，2019，29（6）：85 - 96.

[80] 田素华，李筱妍，王璇. 双向直接投资与中国经济高质量发展 [J]. 上海经济研究，2019（8）：25 - 36.

[81] 童纪新，王青青. 中国重点城市群的雾霾污染、环境规制与经济高质量发展 [J]. 管理现代化，2018，38（6）：59 - 61.

[82] 涂正革，谌仁俊. 排污权交易机制在中国能否实现波特效应？[J]. 经济研究，2015，50（7）：160 - 173.

[83] 王兵，刘光天. 节能减排与中国绿色经济增长：基于全要素生产率的视角 [J]. 中国工业经济，2015（5）：57 - 69.

[84] 王兵，刘光天. 节能减排约束下经济增长动力探究：基于 BDDFM 的实证研究 [J]. 经济问题，2015（10）：7 - 13，39.

[85] 王灿，陈吉宁，邹骥. 基于 CGE 模型的 CO$_2$ 减排对中国经济的影响 [J]. 清华大学学报（自然科学版），2005（12）：1621 - 1624.

[86] 王锋正，郭晓川，赵黎. 环境规制、技术进步与二氧化硫排放：基于省际面板数据的实证研究 [J]. 郑州大学学报（哲学社会科学版），2014，47（4）：63 - 67.

[87] 王金南，王玉秋，刘桂环，赵越. 国内首个跨省界水环境生态补偿：新安江模式 [J]. 环境保护，2016，44（14）：38 - 40.

[88] 王旻. 环境规制对碳排放的空间效应研究 [J]. 生态经济，2017，33（4）：30 - 33.

[89] 王倩，高翠云. 碳交易体系助力中国避免碳陷阱、促进碳脱钩的效应

研究 [J]. 中国人口·资源与环境, 2018, 28 (9): 16-23.

[90] 王群伟, 周德群, 葛世龙, 周鹏. 环境规制下的投入产出效率及规制成本研究 [J]. 管理科学, 2009, 22 (6): 111-119.

[91] 王书斌, 檀菲非. 环境规制约束下的雾霾脱钩效应: 基于重污染产业转移视角的解释 [J]. 北京理工大学学报 (社会科学版), 2017, 19 (4): 1-7.

[92] 王文军, 谢鹏程, 李崇梅, 骆志刚, 赵黛青. 中国碳排放权交易试点机制的减排有效性评估及影响要素分析 [J]. 中国人口·资源与环境, 2018, 28 (4): 26-34.

[93] 王贤彬, 徐现祥. 转型期的政治激励、财政分权与地方官员经济行为 [J]. 南开经济研究, 2009 (2): 58-79.

[94] 王梓慕, 高明, 黄清煌, 郜镔滨. 环境政策、环保投资与公众参与对工业废气减排影响的实证研究 [J]. 生态经济, 2017, 33 (6): 172-177.

[95] 魏敏, 李书昊. 新常态下中国经济增长质量的评价体系构建与测度 [J]. 经济学家, 2018 (4): 19-26.

[96] 魏蓉蓉. 金融资源配置对经济高质量发展的作用机理及空间溢出效应研究 [J]. 西南民族大学学报 (人文社科版), 2019, 40 (7): 116-123.

[97] 魏巍贤. 基于 CGE 模型的中国能源环境政策分析 [J]. 统计研究, 2009, 26 (7): 3-13.

[98] 魏一鸣, 米志付, 张皓. 气候变化综合评估模型研究新进展 [J]. 系统工程理论与实践, 2013, 33 (8): 1905-1915.

[99] 吴静, 朱潜挺, 刘昌新, 王铮. DICE/RICE 模型中碳循环模块的比较 [J]. 生态学报, 2014, 34 (22): 6734-6744.

[100] 吴玉鸣. 环境规制与外商直接投资因果关系的实证分析 [J]. 华东师范大学学报 (哲学社会科学版), 2006 (1): 107-111.

[101] 武晓利. 环保政策、治污努力程度与生态环境质量: 基于三部门DSGE 模型的数值分析 [J]. 财经论丛, 2017 (4): 101-112.

[102] 夏光. 制定正确的政策促进环境保护投资多元化 [J]. 环境科学动态, 2001 (3): 1-3.

[103] 向永辉. 集聚经济、区域政策竞争与 FDI 空间分布: 理论分析与基于中国数据的实证 [D]. 杭州: 浙江大学, 2013.

[104] 肖红叶, 程郁泰. E-DSGE 模型构建及我国碳减排政策效应测度 [J]. 商业经济与管理, 2017 (7): 73-86.

[105] 肖兴志, 李少林. 环境规制对产业升级路径的动态影响研究 [J]. 经济理论与经济管理, 2013 (6): 102-112.

[106] 徐常萍, 吴敏洁. 环境规制对制造业产业结构升级的影响分析 [J]. 统计与决策, 2012 (16): 101-102.

[107] 徐开军, 原毅军. 环境规制与产业结构调整的实证研究: 基于不同污染物治理视角下的系统 GMM 估计 [J]. 工业技术经济, 2014, 33 (12): 101-109.

[108] 徐鹏杰, 卢娟. 异质性环境规制对雾霾污染物排放绩效的影响: 基于中国式分权视角的动态杜宾与分位数检验 [J]. 科学决策, 2018 (1): 48-74.

[109] 许士春, 何正霞, 龙如银. 环境政策工具比较: 基于企业减排的视角 [J]. 系统工程理论与实践, 2012, 32 (11): 2351-2362.

[110] 闫文娟, 郭树龙, 史亚东. 环境规制、产业结构升级与就业效应: 线性还是非线性? [J]. 经济科学, 2012 (6): 23-32.

[111] 闫文娟, 熊艳. 我国环境治污技术的就业效应检验 [J]. 生态经济, 2016, 32 (4): 158-161, 174.

[112] 闫文娟, 钟茂初. 中国式财政分权会增加环境污染吗 [J]. 财经论丛, 2012 (3): 32-37.

[113] 严成樑, 李涛, 兰伟. 金融发展、创新与二氧化碳排放 [J]. 金融研究, 2016 (1): 14-30.

[114] 严雅雪, 齐绍洲. 外商直接投资与中国雾霾污染 [J]. 统计研究, 2017, 34 (5): 69-81.

[115] 杨翱, 刘纪显. 模拟征收碳税对我国经济的影响: 基于 DSGE 模型的

研究［J］. 经济科学, 2014 (6)：53 - 66.

［116］杨福霞. 中国省际节能减排政策的技术进步效应分析［D］. 兰州：兰州大学, 2012.

［117］杨海生, 陈少凌, 周永章. 地方政府竞争与环境政策：来自中国省份数据的证据［J］. 南方经济, 2008 (6)：15 - 30.

［118］杨俊, 邵汉华. 环境约束下的中国工业增长状况研究：基于 Malmquist-Luenberger 指数的实证分析［J］. 数量经济技术经济研究, 2009, 26 (9)：64 - 78.

［119］杨冕, 王银. FDI 对中国环境全要素生产率的影响：基于省际层面的实证研究［J］. 经济问题探索, 2016 (5)：30 - 37.

［120］于洪洋. 基于 DSGE 的碳排放的财税政策模拟系统研发［D］. 上海：华东师范大学, 2015.

［121］余泳泽, 容开建, 苏丹妮, 张为付. 中国城市全球价值链嵌入程度与全要素生产率：来自 230 个地级市的经验研究［J］. 中国软科学, 2019 (5)：80 - 96.

［122］原毅军, 谢荣辉. 环境规制的产业结构调整效应研究：基于中国省际面板数据的实证检验［J］. 中国工业经济, 2014 (8)：57 - 69.

［123］原毅军, 谢荣辉. 环境规制与工业绿色生产率增长：对"强波特假说"的再检验［J］. 中国软科学, 2016 (7)：144 - 154.

［124］臧传琴, 刘岩, 王凌. 信息不对称条件下政府环境规制政策设计：基于博弈论的视角［J］. 财经科学, 2010 (5)：63 - 69.

［125］詹新宇, 崔培培. 中国省际经济增长质量的测度与评价：基于"五大发展理念"的实证分析［J］. 财政研究, 2016 (8)：40 - 53, 39.

［126］张成, 陆旸, 郭路, 于同申. 环境规制强度和生产技术进步［J］. 经济研究, 2011, 46 (2)：113 - 124.

［127］张红凤, 周峰, 杨慧, 郭庆. 环境保护与经济发展双赢的规制绩效实证分析［J］. 经济研究, 2009, 44 (3)：14 - 26, 67.

［128］张华, 丰超, 刘贯春. 中国式环境联邦主义：环境分权对碳排放的影响研究［J］. 财经研究, 2017, 43 (9)：33 - 49.

[129] 张华. 地区间环境规制的策略互动研究: 对环境规制非完全执行普遍性的解释 [J]. 中国工业经济, 2016 (7): 74 - 90.

[130] 张军, 吴桂英, 张吉鹏. 中国省际物质资本存量估算: 1952—2000 [J]. 经济研究, 2004 (10): 35 - 44.

[131] 张俊. 环境规制是否改善了北京市的空气质量: 基于合成控制法的研究 [J]. 财经论丛, 2016 (6): 104 - 112.

[132] 张克中, 王娟, 崔小勇. 财政分权与环境污染: 碳排放的视角 [J]. 中国工业经济, 2011 (10): 65 - 75.

[133] 张友国, 郑玉歆. 中国排污收费征收标准改革的一般均衡分析 [J]. 数量经济技术经济研究, 2005 (5): 3 - 16.

[134] 张震, 刘雪梦. 新时代我国15个副省级城市经济高质量发展评价体系构建与测度 [J]. 经济问题探索, 2019 (6): 20 - 31, 70.

[135] 赵红. 环境规制对产业技术创新的影响: 基于中国面板数据的实证分析 [J]. 产业经济研究, 2008 (3): 35 - 40.

[136] 赵卫兵. 基于DICE模式的知识生态体系构建 [J]. 情报科学, 2015, 33 (7): 30 - 34.

[137] 赵霄伟. 地方政府间环境规制竞争策略及其地区增长效应: 来自地级市以上城市面板的经验数据 [J]. 财贸经济, 2014 (10): 105 - 113.

[138] 赵霄伟. 环境规制、环境规制竞争与地区工业经济增长: 基于空间Durbin面板模型的实证研究 [J]. 国际贸易问题, 2014 (7): 82 - 92.

[139] 郑周胜, 黄慧婷. 地方政府行为与环境污染的空间面板分析 [J]. 统计与信息论坛, 2011, 26 (10): 52 - 57.

[140] 郑周胜. 中国式财政分权下环境污染问题研究 [D]. 兰州: 兰州大学, 2012.

[141] 朱平芳, 张征宇, 姜国麟. FDI与环境规制: 基于地方分权视角的实证研究 [J]. 经济研究, 2011, 46 (6): 133 - 145.

[142] 朱向东, 贺灿飞, 李茜, 毛熙彦. 地方政府竞争、环境规制与中国城市空气污染 [J]. 中国人口·资源与环境, 2018, 28 (6): 103 - 110.

二、外文部分

[1] Acemoglu D, Carvalho V M, Ozdaglar A, et al. The network origins of aggregate fluctuations [J]. Econometrica, 2012, 80 (5): 1977–2016.

[2] Ahmed E M. Are the FDI inflow spillover effects on Malaysia's economic growth input driven? [J]. Economic Modelling, 2012, 29 (4): 1498–1504.

[3] Albrizio S, Kozluk T, Zipperer V. Environmental policies and productivity growth: Evidence across industries and firms [J]. Journal of Environmental Economics and Management, 2017, 81: 209–226.

[4] Angelopoulos K, Economides G, Philippopoulos A. What is the best environmental policy? taxes, permits and rules under economic and environmental uncertainty [J]. Social Science Electronic Publishing, 2010 (3).

[5] Annicchiarico B, Dio F D. Environmental policy and macroeconomic dynamics in a new Keynesian model [J]. Journal of Environmental Economics & Management, 2015, 69 (1): 1–21.

[6] Anselin L. Spatial Econometrics: Methods and Models [M]. Springer Netherlands, 1988.

[7] Antosiewicz M, Kowal P. Memo Ⅲ: A large scale multi-sector DSGE model [J]. IBS: Warszawa, Poland, 2016, 2 (2): 2–33.

[8] Baker S R, Bloom N, Davis S J. Measuring economic policy uncertainty [J]. The Quarterly Journal of Economics, 2016, 131 (4): 1593–1636.

[9] Baumol W J, Oates W E. The theory of environmental policy [M]. Cambridge University Press, 1988.

[10] Biswas A K, Farzanegan M R, Thum M. Pollution, shadow economy and corruption: Theory and evidence [J]. Ecological Economics, 2012, 75: 114–125.

[11] Brueckner J K. Strategic interaction among governments: an overview of theoretical studie [J]. International Regional Science Review, 2003, 26 (2):

175 – 188.

[12] Buettner T. Local business taxation and competition for capital: the choice of the tax rate [J]. Regional Science and Urban Economics, 2001, 31 (2): 215 – 245.

[13] Bukowski M, Kowal P. Large scale, multi-sector DSGE model as a climate policy assessment tool: Macroeconomic Mitigation Options (MEMO) model for Poland [R]. IBS Working Papers, 2010, 12 (1): 33 – 34.

[14] Bukowski M. On the endogenous directed technological change in multi sector DSGE model: the case of energy and emission efficiency [R]. NEUJOBS Working Paper, 2014, 11 (3): 12 – 22.

[15] Chakraborty P, Chatterjee C. Does environmental regulation indirectly induce upstream innovation? New evidence from India [J]. Research Policy, 2017, 46 (5): 939 – 955.

[16] Chambers R G, Fare R, Grosskopf S. Productivity growth in APEC countries [J]. Pacific Economic Review, 1996, 1 (3): 181 – 190.

[17] Chen Y C, Hung M, Wang Y. The effect of mandatory CSR disclosure on firm profitability and social externalities: Evidence from China [J]. Social Science Electronic Publishing, 2017, 65 (1): 169 – 190.

[18] Chintrakarn P. Environmental regulation and US states' technical inefficiency [J]. Economics Letters, 2008, 100 (3): 363 – 365.

[19] Coase R H. The Problem of Social Cost [M]. Palgrave Macmillan UK, 1960.

[20] Copeland B R, Taylor M S. Trade, growth, and the environment [J]. Journal of Economic Literature, 2004, 42 (1): 7 – 71.

[21] Dales J H. Land, Water, and Ownership [J]. The Canadian Journal of Economics, 1968, 1 (4): 791 – 804.

[22] Deng H H, Zheng X Y, Huang N, Li F H. Strategic interaction in spending on environmental protection: spatial evidence from Chinese cities [J]. China & World Economy, 2012, 20 (5): 103 – 120.

[23] Dissou Y, Karnizova L. Emissions cap or emissions tax? A multi-sector business cycle analysis [J]. Journal of Environmental Economics and Management, 2016, 79: 169 – 188.

[24] Duvivier C, Xiong H. Transboundary pollution in China: A study of polluting firms' location choices in Hebei province [J]. Environment & Development Economics, 2013, 18 (4): 459 – 483.

[25] Espagne E, Fabert B P, Brand T. Macroeconomics, climate change and a new carbon policy proposal [C]. Energy & the Economy, 37th IAEE International Conference, International Association for Energy Economics, 2014.

[26] Faguet J P. Does decentralization increase government responsiveness to local needs?: Evidence from Bolivia [J]. Journal of Public Economics, 2004, 88 (3 – 4): 867 – 893.

[27] Farzanegan M R, Mennel T. Fiscal decentralization and pollution: Institutions matter [R]. Joint Discussion Paper Series in Economics, 2012, 22 (1): 5 – 31.

[28] Fischer C, Heutel G. Environmental macroeconomics: Environmental policy, business cycles, and directed technical change [J]. Annual Review of Resource Economics, 2013, 5 (1): 197 – 210.

[29] Fischer C, Springborn M. Emissions targets and the real business cycle: Intensity targets versus caps or taxes [J]. Journal of Environmental Economics and Management, 2011, 62 (3): 352 – 366.

[30] Fredriksson P G, Millimet D L. Is there a 'California effect' in US environmental policymaking? [J]. Regional Science & Urban Economics, 2002, 32 (6): 737 – 764.

[31] Fredriksson P G, Millimet D L. Strategic interaction and the determination of environmental policy across U. S. states [J]. Journal of Urban Economics, 2002, 51 (1): 101 – 122.

[32] Ganelli G, Tervala J. International transmission of environmental policy: a new Keynesian perspective [J]. Ecological Economics, 2011, 70 (11):

2070 – 2082.

[33] Garzarelli G. Old and new theories of fiscal federalism, organizational design problems, and Tiebout [J]. Journal of Public Finance and Public Choice, 2004, 22 (1 – 2): 91 – 104.

[34] Golosov M, Hassler J, Krusell P, et al. Optimal taxes on fossil fuel in general equilibrium [J]. Econometrica, 2014, 82 (1): 41 – 88.

[35] Goulder L H, Hafstead M A C, Williams Ⅲ R C. General equilibrium impacts of a federal clean energy standard [J]. American Economic Journal: Economic Policy, 2016, 8 (2): 186 – 218.

[36] Grafton R Q, Kompas T, Long N V. Substitution between biofuels and fossil fuels: Is there a green paradox? [J]. Journal of Environmental Economics & Management, 2012, 64 (3): 328 – 341.

[37] Gray W B, Shadbegian R J. Environmental regulation and manufacturing productivity at the plant level [R]. National Bureau of Economic Research, 1993.

[38] Gray W B, Shadbegian R J. Pollution abatement costs, regulation, and plant-level productivity [R]. NBER working paper, 1995 (w4994).

[39] Grodecka A, Kuralbayeva K. The price vs quantity debate: climate policy and the role of business cycles [R]. Centre for Climate Change Economics and Policy Working Paper, 2015 (201).

[40] Hamamoto M. Environmental regulation and the productivity of Japanese manufacturing industries [J]. Resource and Energy Economics, 2006, 28 (4): 299 – 312.

[41] Harring N. Corruption, inequalities and the perceived effectiveness of economic pro-environmental policy instruments: A European cross-national study [J]. Environmental Science & Policy, 2014, 39 (5): 119 – 128.

[42] Hassler J, Krusell P. Economics and climate change: Integrated assessment in a multi-region world [J]. Journal of the European Economic Association, 2012, 10 (5): 974 – 1000.

［43］ Hauptmeier S, Mittermaier F, Rincke J. Fiscal competition over taxes and public inputs ［J］. Regional Science and Urban Economics, 2012, 42 (3): 407 –419.

［44］ He Q. Fiscal decentralization and environmental pollution: evidence from Chinese panel data ［J］. China Economic Review, 2015, 36: 86 –100.

［45］ Hemmelskamp J. Environmental Taxes and Standards: An Empirical Analysis of the Impact on Innovation ［M］. Physica-Verlag HD, 2000.

［46］ Jaffe A B, Palmer K. Environmental regulation and innovation: a panel data study ［J］. Review of economics and statistics, 1997, 79 (4): 610 –619.

［47］ Jorgenson D W, Wilcoxen P J. Environmental regulation and US economic growth ［J］. The Rand Journal of Economics, 1990, 21 (2): 314 –340.

［48］ Kathuria V. Informal regulation of pollution in a developing country: Evidence from India ［J］. Ecological Economics, 2007, 63 (2 –3): 403 – 417.

［49］ Kemp R. Environmental Policy and Technical Change ［M］. Edward Elgar, Cheltenham, Brookfield, 1997.

［50］ Konisky D M. Regulatory competition and environmental enforcement: Is there a race to the bottom? ［J］. American Journal of Political Science, 2007, 51 (4): 853 –872.

［51］ Lanjouw J O, Mody A. Innovation and the international diffusion of environmentally responsive technology ［J］. Research Policy, 1996, 25 (4): 549 – 571.

［52］ Levinson A. Part 1 ‖ Environmental regulatory competition: A status report and some new evidence ［J］. National Tax Journal, 2003, 56 (1): 91 – 106.

［53］ Shen L, Wang Y. Supervision mechanism for pollution behavior of Chinese enterprises based on haze governance ［J］. Journal of Cleaner Production, 2018, 197 (PT. 1): 571 –582.

［54］ Lintunen J, Kuusela O P. Business cycles and emission trading with banking

[J]. European Economic Review, 2018, 101: 397 -417

[55] Lintunen J, Vilmi L. On optimal emission control: Taxes, substitution and business cycles [J]. Bank of Finland Research Discussion Paper, 2013 (24).

[56] Liu A, Zhang J. Fiscal decentralization and environmental infrastructure in China [J]. The BE Journal of Economic Analysis & Policy, 2013, 13 (2): 733 -759.

[57] Liu Y, Luo N, Wu S. Nonlinear effects of environmental regulation on environmental pollution [J]. Discrete Dynamics in Nature and Society, 2019, 2019 (4): 1 -10.

[58] Macdougall G D A. The benefits and costs of private investment from abroad: a theoretical approach [J]. The Economic Record, 1960, 36 (73): 13 - 35.

[59] Millimet D L. Assessing the empirical impact of environmental federalism [J]. Journal of Regional Science, 2003, 43 (4): 711 -733.

[60] Nordhaus W D. Rolling the 'DICE': An optimal transition path for controlling greenhouse gases [J]. Resource and Energy Economics, 1993, 15 (1): 27 -50.

[61] Ogawa H, Wildasin D E. Think locally, act locally: spillovers, spillbacks, and efficient decentralized policymaking [J]. CESifo Working Paper Series, 2007, 99 (4): 1206 -1217.

[62] Porter M E, Van der Linde C. Toward a new conception of the environment-competitiveness relationship [J]. Journal of Economic Perspectives, 1995, 9 (4): 97 -118.

[63] Porter M E. America s green strategy [J]. Scientific American, 1991, 264 (4): 168 -168.

[64] Renard M F, Xiong H. Strategic interactions in environmental regulation enforcement: evidence from Chinese provinces [R]. CERDI, 2012, 7 (2): 2 -32.

[65] Revelli F. On spatial public finance empirics [J]. International Tax and Public Finance, 2005, 12 (4): 475 – 492.

[66] Schou P. When environmental policy is superfluous: Growth and polluting resources [J]. Scandinavian Journal of Economics, 2010, 104 (4): 605 – 620.

[67] Shan Y, Guan D, Zheng H, et al. China CO_2 emission accounts 1997 – 2015 [J]. Scientific Data, 2018, 5: 170 – 201.

[68] Shen M, Yang Y. The water pollution policy regime shift and boundary pollution: evidence from the change of water pollution levels in China [J]. Sustainability, 2017, 9 (8): 14 – 69.

[69] Silva E C D, Caplan A J. Transboundary pollution control in federal systems [J]. Journal of Environmental Economics and Management, 1997, 34 (2): 173 – 186.

[70] Slaughter M J. Does inward foreign direct investment contribute to skill upgrading in developing countries? [J]. Center for Economic Analysis Working Paper, 2002, 8 (1): 2 – 36.

[71] Stigler G J. The Theory of economic regulation [J]. The Bell Journal of Economics and Management Science, 1971, 2 (1): 3 – 21.

[72] Tone K. A slacks-based measure of efficiency in data envelopment analysis [J]. European Journal of Operational Research, 2001, 130 (3): 498 – 509.

[73] Tone K. Dealing with undesirable outputs in DEA: A slacks-based measure (SBM) approach [J]. GRIPS Research Report Series, 2003, 1 (8): 44 – 45.

[74] Treisman D. The causes of corruption: A cross-national study [J]. Journal of Public Economics, 2000, 76 (3): 399 – 457.

[75] Walter I, Ugelow J L. Environmental policies in developing countries [J]. Ambio, 1979: 102 – 109.

[76] Weitzman M L. Prices vs. quantities [J]. The Review of Economic Studies,

1974, 41 (4): 477 −491.

[77] Jing W, Deng Y, Huang J, et al. Incentives and outcomes: China's environmental policy [J]. Social Science Electronic Publishing, 2013, 9 (1): 1 −41.

[78] Yang C H, Tseng Y H, Chen C P. Environmental regulations, induced R&D, and productivity: evidence from Taiwan's manufacturing industries [J]. Resource & Energy Economics, 2012, 34 (4).

[79] Guan Z, Lansink A O. The source of productivity growth in Dutch agriculture: a perspective from finance [J]. American Journal of Agricultural Economics, 2010, 88 (3): 644 −656.